I0446651

This book belongs to

_____

_____

Dear Fellow Puzzle Enthusiast,

Thank you for choosing "Large Print Sudoku 16x16 Puzzle Book with Solutions - Hard". We're delighted to have you embark on this journey with one of our carefully crafted collections..

We are a small family-run business driven by passion, and know that each puzzle is crafted to offer not just a challenge but a stimulating experience.

As a small business, your support is invaluable to us. Consider sharing your experience by leaving us a review—it's more than just feedback; it's a vote of confidence that makes a significant impact on our small business journey.

Thank you for choosing us. Happy puzzling!

© 2023 Harrington Publishing
All rights reserved

SUDOKU
PUZZLES FOR ADULTS

		14	12			3			13	16	10	11		6		
5			16			6									15	
	7												9		2
			2									16	12	14	
		13		11	12	6			16			2			
						1				5		8			
8					5								16		
											11				
	12														
				4	6		1	13				11		16	
	9		10	15											
16	8		11		9	5	12						6		
	3		8		14								10		
						4	12		8		15	7	2		
	1	15		6							9	3	8		
						7			6						

16 x 16

100 hard puzzles

LARGE PRINT

How to play Sudoku?

The rules of Sudoku are simple and easy. It is precisely that simplicity that makes finding solutions and solving these puzzles a real challenge.

To play Sudoku, players only need to know the numbers 1 to 16 and be able to think logically. The goal of this game is clear: the task is to complete the grid by filling in the numbers 1 to 16. The difficulty lies in the limits placed on players to fill the grid.

Rule 1: Each row must contain the numbers from 1 to 16, without repetitions

The player must focus on filling each row of the grid, making sure there are no duplicate numbers. The order of the numbers does not matter.

Every puzzle, regardless of the difficulty level, begins with the numbers allocated on the grid. The player must use these numbers as clues to find out which digits are missing in each row.

Rule 2: Each column must contain the numbers from 1 to 16, without repetitions

The Sudoku rules for columns on the grid are exactly the same as for the rows. The players must also fill these with the numbers from 1 to 16, making sure each number occurs only once per column.

The numbers allocated at the beginning of the puzzle work as clues to find out which digits are missing in each column and their position.

Rule 3: The digits can only occur once per block (nonet)

A regular 16x16 grid is divided into 16 smaller blocks of 4x4, also known as nonets. The numbers from 1 to 16 can only occur once per nonet.

In practice, this means that the process of filing rows and columns without duplicate numbers within each block imposes further restrictions on the placement of numbers.

Rule 4: The sum of every single row, column, and nonet must be equal to 136

To find out which numbers are missing from each row, column or block or if there are any duplicates, the player can simply count or sum the numbers.

When the digits occur only once, the total of each row, column and nonet must be 136.

1+2+3+4+5+6+7+8+9+10+11+12+13+14+15+16=136

Puzzle #1

15		2							7	14			5		6
4					6	15		11			16			3	
									15			14			13
	16				5			3	6			15			
1				5	12										
						10		13				9			3
	13		11	14	16			6				2	1	7	
	14				8			7			3		12	5	
	15								13			2			
12				9			3	10			15				
				12					11		7				
		16				14									
				6					12		13			1	
6	5		12				2	15							
	10								8		6				
2							12		5		9				

Puzzle #2

				7			11					16	12		
										13					
		13						3		2		4			
6				2	1		4				11				
								15				2			
					6	5						14			
			14	10										8	
			6			7				14	5				4
8			6					14		10				4	
		5				2		6							10
		3				4	5	7							
			4									5			
	10	12			3		6		2	16	7		4	5	
				5			1		4	10				3	
						12			8			10	6		16
	6				16							11			1

Puzzle #3

		14	12		3		13	16	10	11		6			
5			16		6									15	
	7												9		2
			2									16	12	14	
		13		11	12	6			16			2			
							1				5		8		
8					5										16
												11			
	12														
						4	6		1	13			11		16
	9		10	15											
16	8		11				9	5	12					6	
		3		8		14								10	
						4	12		8			15	7	2	
	1	15		6								9	3	8	
							7			6					

Puzzle #4

								8				16		7	4
	5		11			15					7				
						8						11	5		1
	8		7	5	14						1		6		
			3				6	14	8						
6	3	5	12	10					1	9	8				14
		9						3			15		10		
8	13		14					16	4		6	3			5
12										8	7	15			
		11						2							
7		3		12				9	15			14			
				8											9
	8			13											6
				3											13
9		6		5	11			1				16			
		3													

Puzzle #5

											3			2	
	14								5	13					
			8			3	11	16		1					15
11					8				6					5	
6	8		2							16				1	
									10	7					
						8	7	15	1	2					
														13	8
		1		14											
	9		12	15			8								
			13		16	2						8			
			6					10	16						
	3		9		1	5		4			7		6	8	16
					2	7							13	3	
				3	11	10	9								
		13			6		4	1				9			

Puzzle #6

					6					2					
			4						7	10	3				
		7	8	15	14						9				3
		13	1					15			16		8	14	6
	9	4													
	14	2									5		11		
					16						12		6	10	
		8	9										13		
4				6							15		2	12	14
	2				8	10	3		12						
								5							8
	8		15	7				12		4			1		
10	4	9				2		3			6	13			
			2				6	10	5	11		14			
12				11			15								10

Puzzle #7

			1			16									
2	6			1											9
		4	14	15	3										
	8	11	9			10	7	15		1	12		14		
4	2		11			13						6			14
			12	7	16	14		11							
		14			1								13		
8			15		4			14				7			11
												12	16		
		12	4					2				9			13
	13					15		12							
			2							11	15	4			
								3				15	13		
				2									8		
									4	15		11	1	6	10
			6	10		16									

Puzzle #8

12	10					13	16	7		14			2		
		16						13				10			3
	15				9				2		11	5			
3		1		6		5			12		4			9	16
	16														5
					2					16					
6	8		12		1	13					16				
			5			14		7					15		
		10				5	9								
									10						
7		14	8		3		6					11			
			11	2		10									8
8				16	13		15								11
					1		7								
	3				6			7							
		11	1				3							8	

Puzzle #9

14						12									
	9	11						12		10		2			
	12			14				4	9		2				
1		10		4					13				12		15
	11					1								7	
			10		3			2	11	15					5
	3									5				10	
					12	11		1				3			
	1					7									
		6											10		7
10										14			1	15	
2				8						9		4		3	
3	6		16		15								7		12
	2		12		8	5			1	3					
5							14					12	15	9	1
			9	7	1								5		

Puzzle #10

	15			6										2	
1				13											
2					16	15								6	10
10			5	4											
	8														
					4	8		10					1	12	
		9	1	13	6										15
	14	5		12	3		8	1		4		10			
					15		9			11			2	3	14
					8				2		15	16	13		
		12						16		15	10			8	9
	2										7				
8	1												14		
13	5	11	7	3		16							9		
9			4									7			
	12			5			9					4			

Puzzle #11

5							4							1	
	13		11	9				5	7			16		12	
15														2	10
9						13		10	2						
				1		2	16				6				5
	9		1			7	11		16			6			
	8		7			3			11	15				4	
			6												
										16	9			3	
11	10	9					6						13	5	
								11	8		14				
	4					11							1		
							14	9			3	2			
7		11			1				13			3			
		12	5		7									13	
		8							10						

Puzzle #12

15	6			9		11		1							
	8														
3		9		7	2	8	1				4				6
6	12						3		11					13	
				10	13										
	10	8						16	5	12	15	14	7	1	
5	2	14							7					6	
											15	11			
		2	7			15	13								
8							7	2			9	6			11
4		10						12			7				
			14	2					7		6			3	
			2		7			11							
7									10	13					14
					16				1			7			

Puzzle #13

					10	15									9
			10	11			14					1		12	
			16	9	6	4						13			
				13	1					16			8		
			4							8				3	14
								9			3	4		6	
6				10		3	9							7	2
9			15								6				
		7				16	6		3	8	14				
11		2		3	13								6		12
		9	8				1								
14					10								16		
5											9				
	10			4		13						14			
4	9													10	
	14	6			12										

Puzzle #14

				4			16								
						5	14	9			15				6
10			12	8					2	1			15		14
		13					15		3				9		16
9		2				16					14		5	6	4
	13				3		4	2							
			15											10	3
1			4				5								7
				12	8				13		5			14	
						15		11		6				9	
					1					2				9	
	10				16	4		7		9					
	1		2			7					4	9	14	16	12
	9							1							
			16											11	
16			8								6				13

11								2			5			15	3
1	5	6	15	13										9	7
16					9		3								14
					5	16	1					11			
				2		12	8	4				6		11	
	6	16	8						2		14				
														12	
5								13							
	1	15		12		2							7		16
	16				11	3	10	6				9			
		7			16		5			2			4		
6						9	4							2	
					8				7			13			
			13		2										
				7		5		11				3			
		5						10	14	6					

Puzzle #16

		6				11					13		4		
			1		14										13
		7	1												
	5					13		10							
	9			12			1			6		13			
					3						12				
6		11									15	1			4
	15			11		2					3			6	14
			14	1						5					
13			2		12			4			7				
		16	11	9		4					10				
								2		14			1		
		4	5		11	10	2	15	3	8	9				
		11		4					8	1					
12		3					1			4	16				
15		8	13				4								

Puzzle #17

						3		2			11		7		
		7			10							4			
2					15								11	10	8
15		4		1	7	16		10		5	8	9			
							16			10					
		9					13					1		15	10
5								6			12				
	10										9		16		
6						15					14	10			
					8	9	6	12	16						
					13	7	10		9					11	5
					5						2				
			7									12		9	6
	16			15								8			
		15					7			12				5	
								3			16				

Puzzle #18

		13	7	3			6		16			15		2	
		11		7	1										
				9		15									
	8					5	6	9	12			14			
														10	8
		15									11				4
	3		9					12					11		
7	6				11	3						12		5	
			8	4		3	2	9							11
14			10		13	5		16				7	4		
	4		1					5	15						
2			5	14	15						12				
			2							1		13			
								10							4
					16							14			
						7				16		11		12	

Puzzle #19

	11	15			2			9	1				10		
	4		13				6	11			16	15			
		1												4	
	3							12	14	15	5	8			
		9					11					2			
		4			16										10
					1				16			11	12	9	
16	6					14	2			9					
		9		7				5				14		12	8
		8	1												6
	7					2		10		14		5			1
			13	6								7		11	
		4		5											
	2	16	12		8			3		5		9			
					12										
7									13				8		

Puzzle #20

1	2	3	4	5	6	7	8	9	10	11	12	13	14	15	16
	16		10	8	11					4					
	3				4										
		7						8			1			13	
				6			15	11				3			
4			7				8	16		12	5		13	1	
					5		2						12		
	2	6			1			15					7		8
				10										11	
	14			12	7										
6	4					11						1	16		
	10	13				4					9				
12				16		13	1			15	11				
13			12			1			15		16				
					8		7		9	13			11		
						5	9								4
		9			12					5			1	10	

Puzzle #21

		10		4	7			16					11	13	12
6			4	1								14			
13		12		9				3				7	2		
					12			4							
				2		4		15		11					
5						1				12					
		15				12								2	
12					16							15			7
	15		3							4					
									1				9		
8				12				2						15	
						11		12			10		15		
		13	5					9	12				8		14
	4												12		3
		15			8		13			2			4		
						15	16			7				11	

Puzzle #22

	10						3	13	1		9	11			12
	10										9	11			
							3	13	1						12
	15									16					
11						6			7						
13		5						16			1				
14			15		8		6				7				
	7	11			3	15		14	10	6			5		
	6							8		13					
5				11					6						2
								10		9	8	3			11
	12	6	15	1		16									10
		11	8	12	2		1				6				13
12		5							8	15					
9					11						13				
	14							12					7		
6							9	1		8					

				11	4					14					
	4			1				6		3	5	10			15
	13		2						15				4		
								4	11		2				
11							16		13					2	
						4	13								
	2	9			14	11		8		15					5
		13					15							3	
		5						14							
					1		12		8			9			
2		1			7	10			11			3	15		
		9			2										6
7															
	5	15							12		16		2		1
	16				2				14						10
4						6		15	1			3		11	

Puzzle #24

								13	6		15				2
16					12								6		
	10	15			5			4							
4					16				12			8		5	
	16	8			14										
9	14				7			16	1					12	
					6				8	7					
10	12			1						6			9	16	
	2	14													
	6	15				1		11		3		16		10	
				12										6	7
7			4		6				13			5			9
										16	12				
1	5	6							8			4	11		
				10	5		1		7						
		16								6	4		1		

Puzzle #25

		13	12					7	8	15				6	14
		2		3	13					14	7				
	10		14				9	1		6				3	
4				14		7				2					
				7			2	3		1			5		
															14
	11			4			5	2							10
					1		6	8					2	12	
		3			16										
12	7													14	
							12	8			3				
					5						7				
						4	7			12	8	3	10		16
			2	5		12							7	11	
10	6						3				1				

Puzzle #26

						8		14				1			
								1						14	
	14	6								2		10			
					10	14	5	6	15						
	13														3
		7	16			9		3	5						
								13	16						
1				10	5								4	13	
	7				3	16		2							
			12			13		11		3				8	
								16					11		1
5	15				11		10			12			9	3	2
12			6	5				13	1				3	4	
														10	13
			1					3			16		7		5
3	10			13				7	11				8		

Puzzle #27

13			3				10			14				8	2
									6	4	12	7		1	
											8		11	13	
	6						15								
5				6						3	14	15		16	
2							9			5		1		7	
				14				12		6				11	
	14					15		4					9		
		9	15					7			3				
					15						4			10	
		4	1				6				10				
				1		5				15					4
		8	5												13
9				11				6		16	7			2	
15													1		
14				10			12								

Puzzle #28

7								8				11			9
			1			6			11		9				10
	6	15								13		16			
		14		1		9	12				10	6			2
			6	4			9							10	
					5				8	10			2		
		12	13		10								15		
	10			14						11	13				
		2						3	6			11			13
			9	11		7							6		
		8							16	14			3	4	
		11			16				7						8
5	12	13				10			14						
						4					15			6	
	3	6									7		8	11	
							1		6						

Puzzle #29

		13			6	12		7						11	
				13	2			5					8		16
				3		8			12						15
								2					13		
				11	5								10		
					9		10	12			16			8	
					16						6	9			12
10				14						3			1		
												16			
	13	4					3	10				15			
	8				10				3				11		5
						8						12		3	7
	5	1	13				4				3		16		
	12		10				14								1
		16	6		13					7	12				
	3		7	8		14		15	5		9		12		

Puzzle #30

10	8	9		14				13	1					6	
	16	5	2	6	3		4		14						15
12			13	10					5			11			16
		3					1								
	1						9					5			
13		8	12				15							7	
14	7			5								3			10
	3							4	8	9				5	
		7	6			4								2	3
4	12													14	
		14				11		16					9		
			14					15				4	3		
		2		11				10					8		
	15		3						11						
										1					

Puzzle #31

		10		4	13							8		5	
					6			2							
13	9	12			16	2					3				7
8						5	9	1					2	12	
					5			7			14			3	
	2			6			3						14		
		11		9	1	14							12		
				7									15		
							4								
	10	13						6			9				12
								16					14		
2					12										1
7	13					16									
	3		10	5	7						11		4	15	
			12	4		9	10				1				
	1			13		15				7		5	3	9	

Puzzle #32

	4		9	12						14					
	11														
				13			16						1		
3	1	8		5							6				
12		13						8							1
			4		13							10	8		
1			5		9	10	3			12					
	10				14				6						13
		1	14		7	3				2					
	13	10	11			2									12
	7		12	16						13		8			15
	6				11										
4									3	13					6
16		15				1		12		10		13			
	3	6			8	12			2	1			9	15	
			13						8						10

Puzzle #33

1	2	3	4	5	6	7	8	9	10	11	12	13	14	15	16
				10		3	7	12			9	16		15	
			7								16		10		
		5				16							14	4	
				6				7							
7		11							1			15			
	6		4			10	11			14					3
	9	3			6	7				12					
1	15	14	13	16						9					10
										13					6
4			8	2					15	5		3	11		9
												7			
			1	3			4					8			
	2					1		3							
	14									11		10	8		
		15					14	4	2	8		9			1
					4		3		16						

Puzzle #34

									2			14			
							4	11	7		14			8	
		5	8								12			16	
13				9	11		16			8		1			
4		2							9	14	3				16
10										11	8				
		12	13		8		9	16							4
							2			15					
						1	10	5	6		7				14
		3					7			12	16		6	9	
5	13			15							9				
				11						1					
				12						10		9	15		
16									3		15				
		8			15						4				
15			3	14		9	6			5	11			1	

Puzzle #35

		11					16								
	12		14						11	4					9
13	16	1		11	4			14							
					3					16					
				2			15	9					12		
					10			12				1			
						13					3		5		
			4		5		9		10						6
8			16				2	13				12			
12			6								8	13	10	1	
			11						12	10					
								4							
				10		8		11		12	4			5	
7	8														
			13					10				6			
4	2			12	15	6				7		11		14	

Puzzle #36

			4			14			15			5			
6			7		12	13	8	1							3
13	8		2	3				6					7		
		5											13		
	7	1	16		15	9							5		
	10	13	6												
		11						9							
	3			4							7			15	14
7					5										
								3		1	13	2			
	1	16	13		6	2									
			1					13					11		
16					7	15	10								
		8				5		16							13
11					9	4			13						
		2	10		3				9		16				7

Puzzle #37

				9	16					15					
10	2	1	8					6						4	
		4			15			11							
16					6		7		12			8	2	15	
							5						11		14
														5	
									15		11				
	8	10	13	6	4	12	2		5		15				
12			6						10			5			15
	5							7	11	4					
	15		7		9			12			6				
8												2	15	5	
									11		8				4
		12						9		5	3		8		
	11		2		8		1			12					

Puzzle #38

			16												
										15			12		
		12	7							11					
	6				7		8	10				11	2		
				10	12					5					
12		16	8								10				14
			6								13				
	10					16			15	9				1	
			10				12	4		3	14	2			
											9			15	13
						1	15	7			5		4		
9					2	4	5	14	15		16				
3								6	16				15		12
					10										
2		7			16	4									
		11		12		8	7					3	1		

Puzzle #39

	11			3								7			
	4		9	16		5		1	15	2					8
		2											16		
				15	7										4
7				12				3							
2					3					16				5	12
			11							8					16
						16				11					2
		9						4				12		15	
12		10			7		13		5	14		16			
			16					12	15						14
								16	10	7				2	13
					16			7	12				10		
		1		8	10				2		16		13	4	
								15			4	11			
	6			5						1			16		9

Puzzle #40

		5	1												
			14		10										
			10			13									
16				14		7						12	1		
8											5				
	7						8					15	16		1
		2		3	15			8							
													8	10	13
9	11		5	16	3			6				13			
	1		12		5					15		8			3
								4							
		6	8						10			9		5	
11	14			7		15		5	1		3			8	2
12					14	5			4	9					
	5		7						12		2				
				4	1	9	3	14			7				

Puzzle #41

							7	5				4			
12	15				4							9			
	7			12			2								
	8					13		9							2
15					3		6	13	5			7			9
			7				16	6							
	5			4	14	2					1				10
	2		13	5							10			16	
			5	15									12		
		3	11	7			4		1		9	16	10		
		1	15		16	12	10	11			3				
							3						14		
	10	12	2		4	8							7		
			14			3	5					8			12
								12				5			15

Puzzle #42

	16	12	11							15					
							11	16	4	6	2				
					9			5							1
		13			3			12	8						
	7	6								5					
	4	16			6			15				10			
	15			16		5		7		9					
		9		4		2	6		16	10		11			7
						3					5		2	12	
10		1						12			9				
2	5	7					9								
					13		16	3							6
								8							
		2		7	6				9						
		5	15	2				6							
					12						14	7	5		

Puzzle #43

					15		4								6
	10	2	7	9	11	12	1			5	14	3			
	1		15					9						5	14
				14			16							9	13
	12			16	15							5	3		11
10					5	13	14								
		1	5	10											
		4						5		16			10		15
12		9		1							7		14		
		7	3		4	8	9	13				10			
									12				6		3
					10							4			
			8		3	4								14	
	6	11										12			
					16	2						6			
						6									8

Puzzle #44

			3	6		14	2					7	11		
14		13			8		11					1			
									6	1				15	
			12		15	10						2		13	
				5				8	7		9				3
		5			4	8		1							15
		8						9	11						13
								5		15					8
		15	14				1								
8						5				10		15	3		
		6	4		8				5			13			
		7						8						6	
	15		1			3									
6			9	7	16						3	10		8	
				11					6	1					
										4					

Puzzle #45

13	1	16	12				9				14	2		5	6
					13										
6	14											15			
	7				15								4		
9				8		1							15		12
												10			
			5	3			12						8		
8	12				13					10		3			16
						13							11	8	
	2		8		1				6			14		10	
								7		12	2			3	15
1						12		10	14						
	9	10													13
4	16	3			12			13			11				8
		12	13		8						4				
	8			13					5					16	3

Puzzle #46

	6			7		13		10		15					
												8			
		16			12	11				8					
								13	6					14	1
	8					16	12								
6	9	1	13												10
12			7		6			3	11				1	5	
														6	
3	1				7			13		11	14				
	15				8				10	5		1	14		
		16					15	8						9	
5	10				14	9	16							11	
	13		4					6							
		11										15			7
										4			6		5
	7		14	16			8						11	10	

Puzzle #47

										1					3
5				13		3									
	6		8		1					15					
				10					4					16	
					10									13	
		5	15						1		6			10	7
12	8	1		4	3	7	13							2	
	13		3	15	16				8					14	
	9		5			16				8		6		12	
15		12		7			10		3						
	7				9					12	5				
	10		6				3					4	7		1
				14					6						16
6				3			4								
		4								7	3	11			
9				2											

Puzzle #48

								15			11				
14						7				16			3		
10				8	4			9		13			14		
										7					
6												7			11
		12				1							2	14	
		4		13	14	2				10				12	
11	14			4	16	10							6		
			6		2			9				14	5		7
		16												10	6
				5		11									
9			12				4		15			1			
	1		5	7	10		16		4	12			11		
	6				3				7						14
	16									9		4	7		
				14	5			2				10	12	15	

Puzzle #49

		1		4								5			13
					6		5			4				11	
14							2			11	16				
				9			11			15			14		
															11
	1						3	5		16	11			2	
		3				2	1				9		5		
		2		5					1			10	16		
4	15		14		11							1	2		
8						14							3		5
			1	7								12			
	11	5								10	1				
						6		2					12		
	4						16		11					6	
	6				2	10					7		9	13	
		14					15		12	9					

Puzzle #50

10					3				11						13
16			7	5	2										
		11							16		1				
					8				1						5
													13		
8	16													7	
	6					1	13			3	15	16			
12												2	8		
						13	4				14				
	1			9		13		12						10	
					12	7	16				10	13	6		9
						6	9				7		2		1
4								14				3		9	11
3				15					9			14			
1				4		8	5	3				7			
6			9	16	3	14	2					5	1		

Puzzle #51

					3				11	2		15	13		4
			15		10				3				5		
												11			
													12		6
5				6		12		11	13		14		16		3
	3							5					10		8
				5										7	12
		6			15		9	16	12						14
16								6					2		1
	11	8	4	16	12		14								7
		15		4		1			7			14	8		
					11					4				5	16
				1	11						3	4			
	4				8			2							
2	7			12	5				1					8	

Puzzle #52

	14			8	2	11	10			9	13				
15	11														
		16		15								1	13		5
			8						5					10	11
												5			
							2	1				16	10		
1			15	14										9	
	5		16	11			3			4	15	1			
5				6						10				16	
11				16		15		13		2	7				1
7			1			2				11					
				10										6	
8							14							1	
		14				15		4		9				5	
										12					
	16	5	9												15

Puzzle #53

4						8	7			10		14			
7	2							14							9
9					3	2	14				1		7		
									8					9	
	4	9					6	1	3				11	16	
		7		13	14	3						10			
			9				1		2	13					
	6	4				15		1							16
11						5			9		15	12			
		2	6			4					11				5
			14									2			
	16	8			9			2							
		10													
		14				13			1	8					
14		4		8				15			16	5	2		

Puzzle #54

	16														
	4		9			13		15		8				5	14
		15	8	4		13	5			3	12				1
			5		11				12		13				
4	3					12					14				
	5		1		10	12									
		12								4					
11			13	16	14		10			5					
		10						14				15			
		11							3						
						3		9	7						
	1														
10		3	5				16			13			4		
		8	4		9			10	5						2
	6				16	10	8	1	2				3		
							12					5			

Puzzle #55

14				2				3		4					
	2			7		14		12	1	4					
						16		6			1				
				13	14									16	9
12				9								1	2		
					15		6						4		
		3					4			16		15	13		
	9			8				2	15	5					
4	8				16					15	11				
		11	7		2	12				10					4
9		2	10	4					11						
			6	13					4		8				
	13			12										15	
	12				6		2								
	10				8				16						
	6		8		15			11							

Puzzle #56

					4							10			
				1									3		
			1		9						15				
13	15			10		7									
	12	6	15					2					9		
9															2
10			8	11	16				13	5			6	3	
						1	6			11			4		
		16													
4				5		6			12	10	11				
			11										1		
	14		6						1		12				
15					1	14							8	7	
		10			15					3		2			
			8			9	13	10						1	
			5	3	7	12	8	1					10	13	

Puzzle #57

				5		6	3			4					15
4		1		9										5	
				7								13			
			1	11		8	3			2				16	4
11						13			6	7					
						5			12	3				13	
	1	15				11	16			10		4			
	10			9		12		5			14				
					8	6			10	14				11	
	2		3	11									16		
	4								7						
		14						3			2	13			
1		16	14						3		8		12		
		12	13		11	16		10							
			12	15											3
					9								1		

Puzzle #58

	13	15						8	6						10
						6	15								12
				13					11						
	8					4						13			
	5				3				10	11					
13		8			14										5
	11					2		6				13			
		10						8				12		6	11
			1						5						
	6				3			9	4	13					
		16	11					14		3	6				1
15	7			5					1		4				3
		13		5		15			6	1					2
				10		14	9	11	16						
		5	3						15						7
					13			7							8

Puzzle #59

10															
13				5		15									
		5	15					4			6				
		3	16	6	9	13		1		2	4				
			8					14	2	11			5		
2		11						8			6				
			4						6	10					
5		8	11												
	12		9									4	3		
6								9		14			1		
		7		11	4			3		1					
		5						8							
7			15		2		14		3	9					
	3	10	8		9	5						13			
		2					11		7						
15		9		10											

Puzzle #60

												15			
16		9		15	13	10		2	1		5				
						12						2			
		3	6		2						10			7	
		7		6	4	2			11	1		14			
	11											3	12		13
4	13	1	3								8				
			12												
				12				10							
		11	7		10							13		9	2
					1			6	8				14		
				13			2	14				4			
7						15				4			10		
		6				13					1	15		5	
		15		1	3		16	13							
								15						2	14

Puzzle #61

C1	C2	C3	C4	C5	C6	C7	C8	C9	C10	C11	C12	C13	C14	C15	C16
	15		4						5						7
5		8		6	1			4			7			3	
										6					15
				12		3									5
				12	4							3	7		
				10											
1	13							15			7			5	
				13				5			12				
											15		6		
	11			10					5			7		2	14
				5										10	8
6			1	15		16	2	8	7						12
3											4				
	10	11					1	5	15			9			
7			13					12				16			
	4	15					13				9	14			

Puzzle #62

	1		13			6	4				8				
	6	9					5	13			14				
			10							15					
13			11								1				
	15		9		13			16	1	4	14		8		
							10				12	16	7	1	
16												2	4		
12		1		9				8		10			13		
					10										
8							3				13		15		
15								10							
	12								14						
			15			6	13		16		5				10
										1					
	9		6				14	7	15		4		12	8	
	16						9	12		13					

Puzzle #63

						14	3								
		14		13											
		13													
		10	11		12		13		14					9	6
9	16				8			3	15	13					
									8						13
12		4			14	11			7		15	6			
	8		13								12				10
	10			11							7	3			
8													13		
						2		8			10				15
		3	15								2				16
10	11			3	8	6				12				2	
6					9		10		13	3					14
		5	14					11		9			8	12	3
													13		7

Puzzle #64

			7								16				
		1			10			13	7		14				4
4			16	11		9			10	5				8	
			5		13			15			10	11			
	14					11								1	
	15		1			5		4			9				2
	5				7				15		4				
6	12			16				14			3	10	5		
	16	10									1				
	3			10								12			
					11		10			4		9	3	5	
15								5			14				
			11			3								15	7
							15								
			10				3			12					
	6	15						4							

Puzzle #65

4	8										1			9	
			2				7		3	4	8				
		13		9			11					1			
15						10		13			14			16	
									14			16			9
	2	8	6	3					16						
	1	15		4		2		3	5				14	13	
13				15					4		11				
	16				4						7				
	10	5	14	16		11			12						
	2						1								
							2						16		
		16				9			7					10	
14	7						4				12				6
3				11	2						16				14
		8			10				6				12	1	

Puzzle #66

				16	3				14						
		3	5					2			6	1	8		
	6			10				12						3	
			7		13	6				16	9		15		10
		13			9								16		
12			2	4					8						
	7												9	15	
9							6								5
		10	8								5				9
3									11	8		15			
	12		9						2	3					
	11		14					7				12	1		8
6											15		2	14	16
	9					2	15						12		
16	10			13							2		6		
						9									

Puzzle #67

14						1				8			4		
			3	4				1				10			
	4					6									
					10			6							
	12	13			15					7					1
		3		8			1	9	12	16					
	14	6													
								6	15	7	11				
	5													16	
		10	16	14	5	11				13					
		6			8	16									
	3			12		15	13								
	16	9		13		3							4		8
	15	8	4		14			11					12	7	
					11	7		2	9				13		
			14		1		8	15	16					2	

Puzzle #68

						13					7				15
	15	10	5	11				7		3					6
	7														
			6			7	10			4					
15				5				4	3	10	1	16	2	14	
							12	9				10			1
					6	1				13					
		5			8	10				16					12
		13			11	2				7	8				
						13					4				
				10				2		11					
		2			9					14		4	8		
3				9		12	11			15			6	16	
					7	6					3	2	1	8	
		4		13	10									12	
						15		11							

Puzzle #69

			14		13	1									16
		12				2									7
													1		13
			13	7											
	13				6		9	16	10		2				1
	4		6	14						12		11			
15			11		8				13						
			11	7			15			6			13		
	6	13	5		14										3
	16			11	12			4							
	1			13			5			15					
10		15	7			9	5		11		14				
								11	7	16	5				
	7	4											8	3	
16	3				8	14			15		12	13			
	14											16	4		

Puzzle #70

5				14			3	16		11		13			
	6				13								1		
	9	4		5	8				6					15	
	11							4	1		5				
		2								3					1
					12			15	8			10			
1								6	5			11	12	14	
				13		8						7			12
7					2			13		9		14			
	1			12	11			7	5			6	15		
	12	5							11	16					10
15									1						
	10	14			15	7									
		1				2								5	
2			6					9							

Puzzle #71

11	10	14			15				5	2					
			4		9							2		12	
								4	14	13	8				6
		8							16				13		
	13								14				8		
3		5					9	8			2				
		7	8		1				12	15					9
10															
16					10			12					11		
						1			5					9	3
	11					7		9							
				3	11					4		12			
					9		12			13					
4			7	12			2				8				
1		2		13		3			7		11				
				10							7		16		

Puzzle #72

		7	10	16		5			9			2	13	12	
			15				1	4					10		
		5													
			2			3					6	15	4		
1		4	10			9		7							
				1		4				14	7		15		
	15			7					1		10				
5		11		2					4						
		16				10			9				7	2	
15			2												
	5		14	3		4					12	9			
		11				3		6					5		
				15			1			13	7				
3			8	1											
												5			
14		4								16					

Puzzle #73

					3			15		16	13				
		13	14												
		10	6									16		11	
	2	3	16		10	7									
	5	12										16			9
		8	6	15				16	9					11	4
9				11	3				14						
												8	5		
															2
	16	5	15	12								9	6	1	
		6			8			15	16			7			
	4			5		9	16					15			
6			3								10				
12	10	7	2	9		16								4	
13							4						1		7

Puzzle #74

10				16				9		6			3		2
		1	11		5							7		6	12
	12				14			16	11				15		
2				13	7					1					
12	3											16	1		
					13							5	9		
			13	9	11				5			6	10		
	5	6		15			16								13
	9				2	15				14		13			
		13			1				2						
	15		14									2			
						7		6							4
	1		8			3		10			13	12			
14	11							6	16						
				1							2				
	10			12									7		

Puzzle #75

12														11	5
15			4	2					12	5	6				16
			11						3	8	7		4		2
	13		1		5	16	7	4	11		15	10		9	6
					4	10			9						
	9	11		13											
10				7		9		6		16	11	3			
														7	
5				11	12									13	
			8	5					15					3	
2							6								
				8											
13					3					15			11	4	
11									6						
			14	4							12		7		
	4							14						8	

Puzzle #76

								14	10		1				6
			4	10				12							3
		3			12				16			9			
	1	6				13			5					8	10
	16			12	11			14	1	8	5	2			
	10					1			4						12
	4				15									7	
			2		13									15	
					12			8			16		15		
12			8			13	15		6		4				
			16			6							1		
							10		15		12	16			
								7	3		1				16
	6		15			10		2							
			10	15							14	8	4		
					4			8	9				12		

Puzzle #77

1	2	3	4	5	6	7	8	9	10	11	12	13	14	15	16
					9			6			14				
												4	14		
15				13		14					12				
6		4				1							8		
				11	2		15	14				5			
					1	4	6	15		12	8			11	14
	16		15						1	3	5				
		11			8	3									10
13		12			2	9									
		7						12							13
14			5	6		8									4
						4	2		16			14			
3			2	14	4			10							
	11														
		1	4		6								11		
				16	11		2		12			14	3	6	

Puzzle #78

				10						16	11		9		
									15		5				
	11				2			3			9		4		15
					15		6	4							
	10		7										6	2	
		12			10	3							13	15	
								7				14			5
	16	4									8		10		1
12		2		15				11							4
	9						12				4	5	15	11	14
	14	15	11					13					3	1	7
	1							15		14					8
	4														
	13	6	3		11						15		8		
			5									3			12
								14			13		5		

Puzzle #79

		3	11	13								8			
	1	13		3											10
16						14	13								
6							14					15			
				5				1					4		8
				16											
	4		11					12	5		10		2		
					10			16		14					3
	13	5		9			3	8				7			4
		1					16					5		9	
				8						13					
	3			4	5	2				6					
4	15	6			7										
		1			16			2					7	13	6
3			7		5						12			2	
	2				1		15				6				

Puzzle #80

	2		1			12	13	9							
		3													5
9	1	7	10		2							13			
	5				3				10						16
	7	15			4		16		2						3
		12								10					2
10			9	2			1	15			9				
						5							10		
			7	6		4		16							10
			15							9					
4	13				8			12		14	15				
		7		5	4				2						12
												14	5		
		4										11	14		
			16	14	11				10				6	4	
			5		8	6	16								

Puzzle #81

5		14			3							9	13		1
				13			6				11			5	
7	11						9			3		8			
	15						4		1		5	11			3
15	13			4	9							12			10
												16	7		3
						15	16								
					6			15							
								16		10	1		9		
	5	15							12						
16	7										13				2
6		13		16	10				3						
			5			8	15				7		9		16
	2		8	9					13	12				7	6
3	14		16												5
9						7						13			

Puzzle #82

	12		10												
		11	13			6									
	16			11				4		7					
												13			4
	5	3		1		11						12			
					9			3		10		5	11		6
									15		5		14	3	
						16	5		1	14					
1	14	13	11		10					15				7	3
12			16	15			11		8	3	1		10		
			15	6											
	4												7		11
	1			16											
					12								8		
		12		11	8		7				4	10	3	6	13

Puzzle #83

	5														
			3		7										
9			1					14					12		
	11				4						16				2
16			7	1		6									13
11	6		10				2	4		12					
		15					13								6
		14				15	3			11				2	
				3		2						10		5	1
6				16			12			14					
				5			14			2	4	6			
5	15					11		8						7	13
							8	16	7		12		4		
			2			5			9		14				
				10					11					15	7
										1		5		16	

Puzzle #84

13		5	6			15	7		14						
		15	4							13			1		
			7	3			11	15		6		16		5	
14						1	13	5		4					
5	11		10			4				2	13				15
9					10			4	1				16		
			1					10		14					
								9	6						4
							12	6		16	10			2	
	13					16			5				7		
								14				10			16
15								1						14	8
1	8		12									13			3
6			5												
			9		13		3	2				5			
						9					14				

Puzzle #85

								2							
	5				15				14		10				
		3		4		8						15		14	2
						6	1		15		11				7
				14			11	5					15		
	11					4	6		9	13			1		
	10	7		16	13			2							
			9					7	3						
						12						13	2		
						11									
								5	11						
				2	10		16			12	3		14		6
		5									6		11		1
	1		3		7			14							
											5	12		2	16
					16	14			4			3	10	6	

Puzzle #86

			5					8							
		12		5						7	13			15	3
														6	2
				12		3		6			15			5	
		5		13	3		6	15							
		15					11		5	10	9				
3			9	16			15	12							
11				2			4		8						
					1		7							14	9
1					6	12	14						16		
15							13								
13			8	9						1	11				
9	14			6							3	12			
					7		11		12	6					
											4	11	14		
6			11	14		12					10	5	9		

Puzzle #87

		1	10							12					2
	4	14				3	7								15
16	5			15	8	12				10	3				
10	2	11													
	6		8										11		
	11	3			9			8							6
				6	8			7					1	3	
9								11	6					2	
12			11		15			13	7	8				6	
	1		2												
	13		6		11			2	10	12	8				
									11		14				12
		15								14			10		
		2		3			15					1		11	
					2	13		15			6	4			
				12		16									

Puzzle #88

				6	11	3	4	14	9					5	10
			12				2							14	
7	14		4										2		
	6			9			12								
	10	3				12						2			4
4															
12							10					13			
		11				13		3							
5			15				13		12						
		6	13	11		10			4					8	
							6					5		10	
14			10					1	11			12	9		
10			16		3		12								2
		11		7							4	15	10		
	4		3	10			2					11			
1	12		2			11								16	6

Puzzle #89

			9			1		2	6		14				
	5		1		13					14	8	6	9		
		12				7		10				15			
		9	8		2						4		13		5
2														11	14
12		11													
10		6		14		3	16			15	11			8	
3		16												4	
8								4	14		13		11		
	6				10								14		
15															13
	7					4		1	2						
14															
		4	6	2		1				3					
	12								13					16	
		10	2						6			13			5

Puzzle #90

	15		9			5						4			
		3													15
										2		9			
		4			5					12	10			9	6
	16				9			14	10						13
6							1		9	3	2	5	16	4	
			13				2				3	8			14
	10			14							1				
						15			11	14					10
								10			4			15	9
			15		13							2	8		
			1							15					3
							11		6	16	13				
		1	11	2		6	14			9					5
	11			16									4		

Puzzle #91

16							9	13			8		11	5	
		7							6	4			8		3
										10				7	
	13			4					3		7			15	
					13		1		12	10	11				7
			4	16					2	7					
					4	11		16	1		15				14
10				15	8				13			16	3	11	1
						13									6
13						12				6					16
				11	16				9					14	
						8		10						12	
				8			4						3		12
						9									
				13	12	6				1					
		3		7	2		16		8						

Puzzle #92

2			12	8		7					15		10	3	16
	9		14		11						3				
								8	16						
									12						13
13			3	16		12		7						6	4
			9				3	2				5	15		7
								16				3	13		
	10								3						
					14				6		1	4	16		
	16	1												9	6
4	6		8	1		16	13					12			
		11					8			1	10				
					12	9							11	7	
									5						
			6	11	13	3				7		10			
		4	16			8				2					

Puzzle #93

				2											
	16				4			8		2					
												8			
	7	1						11							
2								13						8	9
											1				
									11	7				4	5
		14			12			3	9	8			6		7
10					9										
	13				10	5			1						
8		7						14	12					5	2
16			6		14				5	10					
	2							8	13	5				6	15
	15	13		10		3		1		9			5	16	
					2		6		15						
					13	15			3	6				2	

Puzzle #94

15				3		10		8				2			9
	9							15					3		
						1			9			13			
14						7	16					10			
		4				12	3	2						16	13
10		3			4	2									
7		2						8		6			4		
9	6		11							4			1		
										1		13			
		8								10	15				5
					5					3					1
	1		6	12	2			14	8						
16				2		14		10	1						
	13							11	15					12	7
				13										9	3
								4							

Puzzle #95

1	2	3	4	5	6	7	8	9	10	11	12	13	14	15	16
						15			4			12	11		
	2		4	14										5	
					7	8		6		2			13		
			16							5		7		10	
								13						1	
	12				15			7							14
								2	5	1		9	15		
		4		16	5						11	13			
1			14					9	8						
					16				1		15			12	
								5			3				
				1	4						7		9	2	3
			9				10	8		3			14		
		11	2					16		6			12		
			3						12	13		10			
14				13								11	1		9

Puzzle #96

						2		15			6				13
			3		10	12		14		4		6		5	9
				3				2					12	1	
	8		4		13		9								
							12	11					7		
14					5							11		9	
		8		13				5							
	9					15	2		3	16					
16		6	2					13							
3				2			13								
		7									3				16
					3	10					16		4		6
								4		13		16	5		2
			16						9		5				
	12					4			6				9	14	
			5						11			13	10		8

Puzzle #97

9	2		16		1	10		14							12
5						14			9			10	11		2
			10			16	4				11				
4	6	7			12					3		5	1		16
													10		
10					15	13		1							8
							5						13		
7			2				6		13						
														4	1
				1				9						8	13
	15			13				16					6		
12		10						13	7					15	
	12				11	1		9				15			10
	11				2										
	13		9	4	3		8			7		14			
										1					

Puzzle #98

12				13		9									
			8		3	16							12		
15	10		16			7			11		12				
	7				4										
				11							4				16
7		4	14	1	16	10	6				11				
							8	16		10					
		8						9	13				11		
10						12			3						
	1									2	9			10	
	9											8		4	11
	14	7	11				16					9	2		3
											5		1	7	
								7	10			15	14	16	
	8	2			11			13	1			5	3		
		16				1				15	3				

Puzzle #99

				5		2							16		
				6									1		10
11					15			9		7	6		3		
		13	16						3					10	11
8					16			7				12			
				8		4			6			13	7		16
7	2				14	13	10								
13		7							11	10					
		11			5										
1												16		11	13
14	10	2	12									8			
					11							10		13	
		12		2				13				7	14		
2					13	5									6
				7	16			4	2			12	3		

Puzzle #100

14	5		15							16					10
	8	13				10		5							
	6	1				8	10				2				
4	12	3			1					11	6	14			9
			16						12		14				
				1											
			9	8	12		11		7	10	3		5		
		6								2		16			
											5				
5	3		7									10	14	12	
	16		7	10		1	14								
10	2											9	4		
			13		10	5						3			6
		9					16								14
1	15				3							5			
16			2				3		10			13			

Puzzle Solutions

Puzzle #1

15	1	2	13	8	3	11	16	9	7	14	4	12	5	10	6
4	12	14	5	1	6	15	10	11	2	13	16	7	9	3	8
3	6	11	8	7	9	12	4	5	15	10	1	14	16	2	13
7	16	9	10	13	5	2	14	3	6	12	8	15	4	11	1
1	7	6	3	5	12	4	13	16	9	15	2	10	8	14	11
8	4	12	16	2	1	10	7	13	14	5	11	9	6	15	3
5	13	15	11	14	16	3	9	6	10	8	12	2	1	7	4
9	14	10	2	11	8	6	15	7	1	4	3	13	12	5	16
10	15	3	1	4	7	5	11	8	13	9	14	6	2	16	12
12	8	5	7	9	2	1	3	10	16	6	15	11	13	4	14
14	2	4	9	12	13	16	6	1	11	3	7	5	10	8	15
13	11	16	6	10	15	14	8	12	4	2	5	1	3	9	7
11	9	7	14	6	10	8	5	4	12	16	13	3	15	1	2
6	5	1	12	16	4	7	2	15	3	11	10	8	14	13	9
16	10	13	15	3	14	9	1	2	8	7	6	4	11	12	5
2	3	8	4	15	11	13	12	14	5	1	9	16	7	6	10

Puzzle #2

2	3	15	8	7	13	10	11	4	1	5	6	16	12	9	14
9	4	11	5	15	16	6	3	10	12	13	14	7	8	1	2
10	1	13	7	12	5	8	14	3	9	2	16	4	11	15	6
6	16	14	12	2	1	9	4	8	15	7	11	13	5	10	3
5	7	8	3	14	9	12	16	15	10	1	4	2	13	6	11
4	15	10	16	3	6	5	2	12	13	11	8	14	1	7	9
12	2	1	14	10	4	11	13	7	16	6	9	15	3	8	5
11	13	9	6	1	15	7	8	2	3	14	5	12	10	16	4
8	11	2	13	6	12	1	9	5	14	15	10	3	16	4	7
16	12	5	15	8	14	2	7	13	6	4	3	1	9	11	10
1	14	3	10	13	11	4	5	16	7	9	12	6	15	2	8
7	9	6	4	16	10	3	15	1	11	8	2	5	14	12	13
13	10	12	1	9	3	14	6	11	2	16	7	8	4	5	15
14	8	16	11	5	2	15	1	6	4	10	13	9	7	3	12
15	5	4	2	11	7	13	12	9	8	3	1	10	6	14	16
3	6	7	9	4	8	16	10	14	5	12	15	11	2	13	1

Puzzle #3

9	15	14	12	2	3	8	13	16	10	11	1	6	4	7	5
5	11	4	16	14	6	12	7	13	8	9	2	3	10	15	1
3	7	1	6	10	11	15	16	14	5	12	4	8	9	13	2
10	13	8	2	9	4	1	5	3	6	7	15	16	12	14	11
7	3	13	9	11	12	6	15	4	16	10	8	2	1	5	14
12	6	16	15	13	9	2	1	11	7	14	5	4	8	3	10
8	2	11	14	4	10	5	3	1	9	6	12	13	15	16	7
1	5	10	4	16	8	7	14	15	13	2	3	11	6	12	9
13	12	6	1	7	16	10	8	2	11	15	9	14	5	4	3
15	14	5	3	12	2	4	6	8	1	13	10	7	11	9	16
4	9	7	10	15	5	13	11	6	3	16	14	12	2	1	8
16	8	2	11	1	14	3	9	5	12	4	7	10	13	6	15
6	4	3	7	8	13	14	2	9	15	1	11	5	16	10	12
11	10	9	5	3	1	16	4	12	14	8	13	15	7	2	6
14	1	15	13	6	7	11	12	10	2	5	16	9	3	8	4
2	16	12	8	5	15	9	10	7	4	3	6	1	14	11	13

Puzzle #4

2	14	1	13	6	12	9	3	15	8	5	11	16	10	7	4
10	5	12	4	11	1	13	15	3	6	16	7	9	2	14	8
3	9	15	6	4	16	7	8	14	10	13	2	11	5	12	1
11	8	16	7	5	14	2	10	9	4	12	1	3	6	13	15
15	1	11	10	3	4	5	9	6	14	8	13	2	7	16	12
6	3	5	12	10	7	16	2	11	15	1	9	8	13	4	14
16	7	4	9	14	6	8	13	5	3	2	12	15	1	10	11
8	13	2	14	1	15	12	11	7	16	4	10	6	3	9	5
12	4	14	5	9	11	1	6	10	13	3	8	7	15	2	16
1	16	9	11	13	10	15	14	4	2	7	6	12	8	5	3
7	6	3	8	12	2	4	16	1	9	15	5	13	14	11	10
13	15	10	2	7	8	3	5	12	11	14	16	1	4	6	9
14	11	8	1	2	13	10	4	16	7	9	3	5	12	15	6
4	12	7	16	15	3	6	1	2	5	11	14	10	9	8	13
9	2	6	15	8	5	11	12	13	1	10	4	14	16	3	7
5	10	13	3	16	9	14	7	8	12	6	15	4	11	1	2

Puzzle #5

13	5	12	16	4	14	9	6	7	15	11	3	1	8	2	10
1	14	6	10	7	15	12	16	8	5	13	2	3	4	9	11
4	2	9	8	5	13	3	11	16	14	1	10	12	7	6	15
11	15	7	3	10	8	1	2	12	6	9	4	13	16	5	14
6	8	3	2	13	12	15	14	5	4	16	11	10	9	1	7
12	13	15	11	2	9	4	1	3	10	7	8	6	14	16	5
9	16	5	14	6	10	8	7	15	1	2	13	4	12	11	3
7	1	10	4	11	5	16	3	14	12	6	9	2	15	13	8
5	7	1	15	14	3	11	10	6	9	8	12	16	2	4	13
10	9	16	12	15	7	6	8	13	2	4	5	11	3	14	1
3	4	14	13	9	16	2	5	11	7	15	1	8	10	12	6
2	11	8	6	1	4	13	12	10	16	3	14	7	5	15	9
15	3	2	9	12	1	5	13	4	11	10	7	14	6	8	16
14	10	11	1	16	2	7	15	9	8	12	6	5	13	3	4
8	6	4	5	3	11	10	9	2	13	14	16	15	1	7	12
16	12	13	7	8	6	14	4	1	3	5	15	9	11	10	2

Puzzle #6

14	15	5	3	1	12	6	10	8	13	2	11	7	4	9	16
9	6	12	4	16	13	5	8	14	7	10	3	11	15	2	1
2	16	7	8	15	14	4	11	1	6	5	9	12	10	13	3
11	10	13	1	3	2	7	9	15	4	12	16	5	8	14	6
1	9	4	12	2	3	11	7	6	10	15	14	8	5	16	13
6	14	2	13	10	15	1	12	9	8	16	5	3	11	7	4
8	11	3	7	5	16	9	14	4	1	13	12	15	6	10	2
16	5	15	10	13	6	8	4	2	11	3	7	9	14	1	12
5	12	8	9	4	7	15	2	16	14	6	10	1	13	3	11
4	13	1	11	6	9	16	5	7	3	8	15	10	2	12	14
15	2	6	16	14	8	10	3	11	12	1	13	4	7	5	9
7	3	10	14	12	11	13	1	5	2	9	4	6	16	15	8
3	8	11	15	7	10	14	13	12	9	4	2	16	1	6	5
10	4	9	5	8	1	2	16	3	15	14	6	13	12	11	7
13	7	16	2	9	4	12	6	10	5	11	1	14	3	8	15
12	1	14	6	11	5	3	15	13	16	7	8	2	9	4	10

Puzzle #7

12	7	3	1	4	9	14	16	8	5	2	10	13	15	11	6
2	6	15	13	1	12	8	7	4	14	16	11	5	10	9	3
10	16	4	14	15	3	11	5	9	13	12	6	7	8	1	2
5	8	11	9	6	2	13	10	7	15	3	1	12	4	14	16
4	2	16	11	3	5	15	13	10	8	7	9	1	6	12	14
13	3	10	12	7	16	6	14	15	11	1	5	8	2	4	9
9	5	14	7	11	1	10	8	6	2	4	12	16	3	13	15
8	1	6	15	12	4	2	9	14	3	13	16	10	7	5	11
15	11	7	3	5	14	9	2	13	10	8	4	6	12	16	1
16	10	12	4	8	11	3	1	2	7	6	14	9	5	15	13
14	13	5	8	16	6	4	15	1	12	9	3	2	11	10	7
6	9	1	2	13	10	7	12	5	16	11	15	4	14	3	8
1	12	9	16	14	7	5	11	3	6	10	8	15	13	2	4
11	4	13	10	2	15	1	6	12	9	14	7	3	16	8	5
7	14	2	5	9	8	12	3	16	4	15	13	11	1	6	10
3	15	8	6	10	13	16	4	11	1	5	2	14	9	7	12

Puzzle #8

12	10	6	5	3	4	13	16	11	7	9	14	8	15	2	1
9	4	16	2	14	15	8	11	5	13	6	1	12	10	7	3
13	15	8	7	10	9	12	1	16	4	2	3	11	5	14	6
3	11	1	14	6	7	5	2	8	10	12	15	4	13	9	16
14	16	15	13	12	11	3	6	10	2	4	8	7	9	1	5
10	1	5	4	7	2	15	8	9	3	13	16	6	11	12	14
6	8	7	12	9	10	1	13	15	5	14	11	16	4	3	2
11	9	2	3	4	5	16	14	1	6	7	12	10	8	15	13
1	2	12	10	15	14	11	5	4	9	8	13	3	6	16	7
4	6	3	16	13	8	7	12	2	11	1	10	15	14	5	9
7	13	14	8	1	3	4	9	6	15	16	5	2	12	11	10
15	5	9	11	2	16	6	10	14	12	3	7	13	1	4	8
8	7	4	6	16	13	2	15	12	14	5	9	1	3	10	11
16	12	13	9	11	1	14	7	3	8	10	4	5	2	6	15
5	3	10	15	8	6	9	4	7	1	11	2	14	16	13	12
2	14	11	1	5	12	10	3	13	16	15	6	9	7	8	4

Puzzle #9

14	13	3	2	16	9	8	12	15	6	1	7	10	11	5	4
4	9	11	6	1	5	15	13	12	8	10	3	2	7	16	14
8	12	5	15	14	11	10	7	4	9	16	2	1	3	6	13
1	16	10	7	4	2	3	6	5	13	11	14	8	12	9	15
9	11	2	14	5	4	1	10	3	12	6	13	16	15	7	8
7	4	12	10	13	3	14	16	2	11	15	8	9	6	1	5
15	3	16	1	6	7	2	8	9	14	5	4	12	13	10	11
6	8	13	5	9	12	11	15	1	16	7	10	3	14	4	2
16	1	9	4	15	14	7	11	10	3	12	5	13	8	2	6
12	15	6	3	2	16	9	5	8	4	13	1	14	10	11	7
10	7	8	11	12	13	4	3	6	2	14	16	5	1	15	9
2	5	14	13	8	10	6	1	7	15	9	11	4	16	3	12
3	6	1	16	11	15	13	4	14	5	8	9	7	2	12	10
11	2	7	12	10	8	5	9	13	1	3	15	6	4	14	16
5	10	4	8	3	6	16	14	11	7	2	12	15	9	13	1
13	14	15	9	7	1	12	2	16	10	4	6	11	5	8	3

Puzzle #10

7	15	13	14	10	6	5	9	4	11	8	16	12	3	2	1
1	4	16	6	2	13	14	15	10	12	9	3	8	5	7	11
2	9	12	11	8	1	16	3	15	13	7	5	4	14	6	10
10	3	8	5	7	4	11	12	1	6	14	2	9	13	15	16
15	8	4	10	14	16	1	11	13	2	3	12	6	9	5	7
11	7	3	13	5	15	4	8	16	10	6	9	14	1	12	2
12	16	9	1	13	10	6	2	11	7	5	14	3	8	4	15
6	14	5	2	12	3	9	7	8	1	15	4	11	10	16	13
16	13	10	8	6	7	15	1	9	4	12	11	5	2	3	14
4	6	1	9	11	14	8	10	3	5	2	7	15	16	13	12
5	11	7	12	4	2	3	13	14	16	1	15	10	6	8	9
14	2	15	3	16	9	12	5	6	8	13	10	7	11	1	4
8	1	6	15	9	11	7	4	2	3	10	13	16	12	14	5
13	5	11	7	3	8	10	16	12	14	4	1	2	15	9	6
9	10	14	4	1	12	2	6	5	15	16	8	13	7	11	3
3	12	2	16	15	5	13	14	7	9	11	6	1	4	10	8

Puzzle #11

5	7	16	2	15	10	14	4	8	3	9	12	13	11	1	6
10	13	4	11	9	2	8	1	5	7	6	15	16	14	12	3
15	12	6	8	7	11	16	3	14	4	13	1	5	9	2	10
9	1	14	3	6	5	13	12	10	2	11	16	15	4	7	8
14	11	13	10	1	4	2	16	7	9	3	6	12	8	15	5
4	9	15	1	8	14	7	11	2	16	12	5	6	3	10	13
12	8	2	7	13	6	3	5	1	11	15	10	9	16	4	14
3	16	5	6	12	15	9	10	13	14	4	8	1	7	11	2
8	5	1	14	10	13	12	15	4	6	16	9	11	2	3	7
11	10	9	15	14	8	1	6	3	12	2	7	4	13	5	16
16	2	3	13	4	9	5	7	11	8	1	14	10	12	6	15
6	4	7	12	16	3	11	2	15	5	10	13	8	1	14	9
13	15	10	4	11	16	6	14	9	1	7	3	2	5	8	12
7	6	11	9	5	1	15	8	12	13	14	2	3	10	16	4
1	3	12	5	2	7	10	9	16	15	8	4	14	6	13	11
2	14	8	16	3	12	4	13	6	10	5	11	7	15	9	1

Puzzle #12

15	6	7	10	9	5	11	12	1	16	14	3	8	2	4	13
2	8	1	4	15	16	13	6	7	9	11	10	3	14	12	5
16	5	12	13	4	3	10	14	15	2	6	8	1	11	9	7
3	14	9	11	7	2	8	1	13	12	5	4	10	15	16	6
6	12	16	1	14	15	7	3	9	11	4	2	5	10	13	8
11	7	4	3	10	13	9	5	6	14	8	1	15	12	2	16
13	10	8	9	11	4	6	2	16	5	12	15	14	7	1	3
5	2	14	15	16	1	12	8	10	3	7	13	11	9	6	4
14	9	13	5	1	10	4	16	3	6	15	11	12	8	7	2
12	11	2	7	8	6	15	13	5	4	16	14	9	3	10	1
8	1	15	16	12	14	3	7	2	13	10	9	6	4	5	11
4	3	10	6	5	11	2	9	12	8	1	7	16	13	14	15
10	16	11	14	2	8	5	15	4	7	9	6	13	1	3	12
1	13	5	2	6	7	14	10	11	15	3	12	4	16	8	9
7	4	6	12	3	9	1	11	8	10	13	16	2	5	15	14
9	15	3	8	13	12	16	4	14	1	2	5	7	6	11	10

Puzzle #13

3	7	5	14	12	10	15	8	4	6	11	2	16	13	1	9
16	13	15	10	11	2	5	14	8	3	9	1	7	4	12	6
1	12	11	8	16	9	6	4	10	7	5	13	3	2	14	15
2	6	4	9	7	13	1	3	12	14	16	15	10	8	11	5
12	5	1	4	13	6	7	2	11	10	8	16	9	15	3	14
7	2	10	11	1	14	16	15	9	12	13	3	4	5	6	8
6	8	16	13	10	11	3	9	15	4	14	5	12	1	7	2
9	3	14	15	4	5	8	12	7	2	1	6	11	10	16	13
13	15	7	12	2	1	4	16	6	9	3	8	14	11	5	10
11	1	2	5	14	3	13	7	16	15	4	10	8	6	9	12
10	16	9	6	8	15	11	5	1	13	12	14	2	7	4	3
14	4	8	3	9	12	10	6	5	11	2	7	13	16	15	1
5	11	13	16	6	7	14	10	3	8	15	9	1	12	2	4
15	10	3	2	5	4	9	11	13	1	7	12	6	14	8	16
4	9	12	1	15	8	2	13	14	16	6	11	5	3	10	7
8	14	6	7	3	16	12	1	2	5	10	4	15	9	13	11

Puzzle #14

15	3	9	14	4	11	10	16	13	6	12	7	1	8	5	2
8	2	4	1	3	12	5	14	9	10	16	15	13	11	7	6
10	16	6	12	8	9	13	7	5	2	1	11	3	15	4	14
5	11	13	7	2	6	1	15	4	3	14	8	10	9	12	16
9	12	2	3	15	13	16	10	1	7	8	14	11	5	6	4
7	13	11	5	6	3	12	4	2	16	15	10	14	1	8	9
14	8	16	15	7	2	11	1	6	5	4	9	12	13	10	3
1	6	10	4	9	14	8	5	3	12	11	13	15	16	2	7
4	7	1	9	12	8	6	3	15	13	10	5	16	2	14	11
2	5	8	16	13	7	15	9	11	14	6	12	4	3	1	10
6	15	12	13	10	1	14	11	16	4	2	3	8	7	9	5
3	10	14	11	5	16	4	2	7	8	9	1	6	12	13	15
13	1	3	2	11	10	7	6	8	15	5	4	9	14	16	12
11	9	15	6	14	4	2	13	12	1	7	16	5	10	3	8
12	4	5	10	16	15	3	8	14	9	13	2	7	6	11	1
16	14	7	8	1	5	9	12	10	11	3	6	2	4	15	13

Puzzle #15

11	14	10	9	4	12	8	7	2	6	13	5	1	16	15	3
1	5	6	15	13	14	10	2	16	3	8	11	4	12	9	7
16	12	13	2	6	9	11	3	7	15	1	4	8	10	5	14
8	3	7	4	15	5	16	1	10	14	9	12	11	2	6	13
7	15	1	3	2	13	12	8	4	16	5	10	6	14	11	9
13	6	16	8	3	4	7	9	12	2	11	14	5	15	1	10
14	4	11	10	5	15	6	16	3	1	7	9	2	13	12	8
5	2	9	12	10	1	14	11	13	8	6	15	16	3	7	4
10	1	15	11	12	6	2	13	5	9	4	8	14	7	3	16
4	16	2	14	8	11	3	10	6	12	15	7	9	5	13	1
9	13	12	7	1	16	15	5	14	11	2	3	10	4	8	6
6	8	3	5	14	7	9	4	1	13	10	16	12	11	2	15
3	11	4	16	9	8	1	14	15	7	12	2	13	6	10	5
15	10	14	13	11	2	4	6	9	5	3	1	7	8	16	12
12	9	8	6	7	10	5	15	11	4	16	13	3	1	14	2
2	7	5	1	16	3	13	12	8	10	14	6	15	9	4	11

Puzzle #16

14	10	6	9	8	16	5	11	15	12	7	13	2	4	3	1
11	16	3	4	1	10	14	9	6	5	8	2	7	15	12	13
2	13	7	1	12	3	15	6	16	14	9	4	10	11	8	5
8	5	15	12	4	2	7	13	3	10	1	11	9	6	14	16
3	9	2	14	15	12	4	7	1	16	5	6	11	13	10	8
10	7	8	5	6	14	3	1	4	11	13	15	12	2	16	9
6	12	11	16	13	5	9	8	2	3	14	10	15	1	7	4
4	15	1	13	10	11	16	2	7	8	12	9	3	5	6	14
7	3	12	15	14	1	10	16	11	9	6	5	13	8	4	2
13	11	14	6	2	8	12	5	10	15	4	1	16	7	9	3
1	8	16	2	11	9	13	4	12	7	3	14	6	10	5	15
5	4	9	10	3	7	6	15	8	13	2	16	14	12	1	11
16	1	4	7	5	6	11	10	14	2	15	3	8	9	13	12
9	14	5	11	16	4	2	12	13	6	10	8	1	3	15	7
12	6	13	3	9	15	8	14	5	1	11	7	4	16	2	10
15	2	10	8	7	13	1	3	9	4	16	12	5	14	11	6

Puzzle #17

1	5	8	10	9	6	3	14	2	12	4	11	16	7	13	15
13	9	7	16	5	10	8	11	14	6	3	15	4	2	12	1
2	3	14	6	13	15	4	12	9	1	16	7	5	11	10	8
15	12	4	11	1	7	16	2	10	13	5	8	9	6	14	3
14	6	2	15	3	9	11	16	1	5	10	4	7	12	8	13
7	8	9	4	6	2	12	13	16	14	11	3	1	5	15	10
5	1	16	13	8	14	10	4	6	7	15	12	2	9	3	11
3	10	11	12	7	1	5	15	13	8	2	9	6	16	4	14
6	7	13	9	2	4	15	3	5	11	1	14	10	8	16	12
4	15	3	5	11	8	9	6	12	16	13	10	14	1	7	2
12	14	1	2	16	13	7	10	15	9	8	6	3	4	11	5
16	11	10	8	12	5	14	1	4	3	7	2	15	13	6	9
10	2	5	7	4	16	1	8	11	15	14	13	12	3	9	6
11	16	12	1	15	3	13	9	7	10	6	5	8	14	2	4
9	4	15	3	14	11	6	7	8	2	12	1	13	10	5	16
8	13	6	14	10	12	2	5	3	4	9	16	11	15	1	7

Puzzle #18

12	14	13	7	3	11	4	6	1	16	10	5	15	8	2	9
4	9	11	15	7	1	10	14	13	3	2	8	5	12	16	6
6	2	5	16	8	9	12	15	14	11	7	4	10	13	1	3
10	8	1	3	2	16	13	5	6	9	12	15	4	14	7	11
16	12	14	11	13	2	6	1	7	4	5	9	3	10	8	15
5	10	15	13	12	8	7	16	3	14	6	11	2	9	4	1
1	3	2	9	5	10	15	4	12	13	8	16	6	11	14	7
7	6	8	4	9	14	11	3	2	1	15	10	12	16	5	13
13	15	12	8	4	7	3	2	9	10	14	6	16	1	11	5
14	11	9	10	6	13	5	8	16	2	3	1	7	4	15	12
3	4	6	1	16	12	9	10	5	15	11	7	8	2	13	14
2	7	16	5	14	15	1	11	4	8	13	12	9	3	6	10
11	5	10	2	15	4	14	12	8	7	1	3	13	6	9	16
8	16	7	6	11	5	2	13	10	12	9	14	1	15	3	4
15	13	3	12	1	6	16	9	11	5	4	2	14	7	10	8
9	1	4	14	10	3	8	7	15	6	16	13	11	5	12	2

Puzzle #19

6	11	15	5	12	2	7	14	9	1	8	4	13	10	16	3
8	4	12	13	5	3	1	6	11	2	10	16	15	14	7	9
2	16	1	14	8	15	9	10	7	6	3	13	5	11	4	12
9	3	7	10	11	4	16	13	12	14	15	5	8	6	1	2
15	5	9	7	6	12	4	11	1	3	13	10	2	16	8	14
12	1	4	3	7	16	8	9	5	11	14	2	6	13	15	10
13	14	10	2	3	1	15	5	4	16	6	8	11	12	9	7
16	6	8	11	10	13	14	2	15	7	9	12	3	1	5	4
3	15	13	9	4	7	10	16	6	5	11	1	14	2	12	8
5	12	2	8	1	14	11	3	16	9	7	15	10	4	13	6
4	7	11	6	15	9	2	8	13	10	12	14	16	5	3	1
1	10	14	16	13	6	5	12	2	8	4	3	7	9	11	15
10	8	3	4	16	5	13	15	14	12	2	9	1	7	6	11
11	2	16	12	14	8	6	1	3	4	5	7	9	15	10	13
14	13	6	1	9	10	12	7	8	15	16	11	4	3	2	5
7	9	5	15	2	11	3	4	10	13	1	6	12	8	14	16

Puzzle #20

9	16	14	10	8	11	7	12	3	13	4	6	2	5	15	1
5	3	11	13	1	4	2	14	7	16	9	15	8	10	12	6
15	6	7	4	3	9	10	5	8	12	2	1	11	14	13	16
2	12	1	8	6	13	16	15	11	5	10	14	3	9	4	7
4	15	3	7	9	6	11	8	16	2	12	5	10	13	1	14
11	9	10	1	7	5	15	2	4	8	14	13	6	12	16	3
14	2	6	16	4	1	12	13	15	11	3	10	5	7	9	8
8	13	12	5	10	3	14	16	9	6	1	7	4	15	11	2
1	14	16	11	12	7	6	3	13	10	8	2	15	4	5	9
6	4	8	15	5	10	9	11	12	14	7	3	1	16	2	13
7	10	13	3	2	15	8	4	5	1	16	9	12	6	14	11
12	5	2	9	16	14	13	1	6	4	15	11	7	8	3	10
13	7	4	12	11	2	1	10	14	15	6	16	9	3	8	5
16	1	5	2	15	8	3	7	10	9	13	4	14	11	6	12
10	8	15	6	14	16	5	9	1	3	11	12	13	2	7	4
3	11	9	14	13	12	4	6	2	7	5	8	16	1	10	15

Puzzle #21

15	2	10	1	14	4	7	3	6	16	8	5	9	11	13	12
6	8	3	4	1	2	13	15	11	7	12	9	14	10	16	5
13	5	12	16	11	9	10	6	14	3	15	1	7	2	8	4
14	9	11	7	16	5	12	8	10	13	4	2	6	3	1	15
10	16	8	6	2	3	4	9	15	14	11	7	12	13	5	1
5	13	7	9	15	14	6	1	3	2	10	12	8	16	4	11
1	11	4	15	8	7	5	12	13	6	9	16	3	14	2	10
12	3	14	2	13	11	16	10	1	4	5	8	15	6	9	7
7	15	6	3	10	1	2	14	8	9	16	4	11	5	12	13
4	12	16	14	6	15	8	5	7	11	1	13	10	9	3	2
8	10	5	11	12	13	9	4	2	15	3	6	1	7	14	16
9	1	2	13	3	16	11	7	12	5	14	10	4	15	6	8
3	7	13	5	4	10	1	2	9	12	6	11	16	8	15	14
16	4	1	8	9	6	14	11	5	10	13	15	2	12	7	3
11	6	15	12	7	8	3	13	16	1	2	14	5	4	10	9
2	14	9	10	5	12	15	16	4	8	7	3	13	1	11	6

Puzzle #22

2	10	3	4	1	7	13	12	5	15	9	14	11	6	8	16
8	16	14	6	10	9	3	15	13	1	11	4	7	5	2	12
7	15	1	9	11	14	5	8	12	6	16	2	10	13	3	4
11	5	13	12	16	4	6	2	3	7	8	10	9	14	1	15
13	3	5	8	14	2	7	10	16	12	15	1	4	11	9	6
14	9	12	15	5	8	11	6	2	4	3	7	13	10	16	1
4	7	11	16	13	3	15	1	9	14	10	6	12	2	5	8
1	6	2	10	12	16	9	4	8	11	13	5	3	7	15	14
5	8	7	13	3	11	10	9	14	16	6	12	15	1	4	2
16	1	15	14	6	5	4	13	7	10	2	9	8	3	12	11
3	12	6	2	15	1	14	16	11	8	4	13	5	9	7	10
10	4	9	11	8	12	2	7	1	3	5	15	6	16	14	13
12	11	16	5	7	6	1	3	4	13	14	8	2	15	10	9
9	2	10	1	4	15	8	11	6	5	7	16	14	12	13	3
15	14	8	3	9	13	16	5	10	2	12	11	1	4	6	7
6	13	4	7	2	10	12	14	15	9	1	3	16	8	11	5

Puzzle #23

3	15	16	1	11	4	12	8	9	13	14	10	6	7	5	2
9	4	11	7	1	13	14	2	6	8	3	5	10	16	12	15
5	13	14	2	16	6	3	10	1	15	12	7	11	4	8	9
8	6	12	10	7	9	15	5	4	11	16	2	13	14	1	3
11	3	4	5	12	10	1	16	7	9	13	6	14	15	2	8
12	8	7	15	9	5	4	13	3	2	1	14	16	10	6	11
10	2	9	16	3	14	11	6	8	4	15	12	7	1	13	5
14	1	6	13	2	8	7	15	5	16	10	11	9	12	3	4
15	7	5	8	13	3	9	4	14	10	6	1	2	11	16	12
13	11	10	4	6	1	16	12	2	3	8	15	5	9	14	7
2	12	1	6	8	7	10	14	16	5	11	9	4	3	15	13
16	14	3	9	5	15	2	11	12	7	4	13	1	8	10	6
7	10	13	3	14	12	8	1	11	6	2	4	15	5	9	16
6	5	15	14	4	11	13	3	10	12	9	16	8	2	7	1
1	16	8	11	15	2	5	9	13	14	7	3	12	6	4	10
4	9	2	12	10	16	6	7	15	1	5	8	3	13	11	14

Puzzle #24

3	1	14	12	7	10	8	11	13	6	5	15	9	16	4	2
16	13	7	5	3	2	12	4	10	11	8	9	14	6	1	15
6	10	8	15	13	14	5	9	4	2	16	1	7	12	3	11
4	9	11	2	15	1	16	6	7	14	12	3	8	10	5	13
15	16	3	8	4	13	14	5	9	12	11	10	1	7	2	6
9	14	13	6	8	3	7	10	16	1	2	5	11	15	12	4
2	4	1	11	9	16	6	12	15	8	7	13	10	3	14	5
10	12	5	7	1	11	15	2	14	3	4	6	13	9	16	8
8	2	12	14	16	9	3	15	6	5	10	7	4	11	13	1
13	6	15	9	5	8	1	7	11	4	3	14	16	2	10	12
5	11	16	1	12	4	10	13	8	15	9	2	3	14	6	7
7	3	10	4	2	6	11	14	1	16	13	12	15	5	8	9
11	7	2	13	6	15	4	3	5	10	1	16	12	8	9	14
1	5	6	10	14	7	13	16	12	9	15	8	2	4	11	3
12	8	4	3	10	5	9	1	2	7	14	11	6	13	15	16
14	15	9	16	11	12	2	8	3	13	6	4	5	1	7	10

Puzzle #25

16	3	13	9	12	10	5	1	11	7	8	15	4	2	6	14
6	15	2	11	8	3	13	16	12	4	5	14	7	9	1	10
8	10	7	14	2	11	15	4	9	1	13	6	12	16	3	5
4	5	12	1	14	6	7	9	10	3	16	2	11	8	15	13
9	4	10	6	7	13	11	2	3	14	1	12	16	5	8	15
2	12	1	7	6	16	8	5	4	9	15	10	13	3	14	11
15	11	8	13	4	12	3	14	5	2	7	16	9	1	10	6
3	14	5	16	15	9	1	10	6	8	11	13	2	12	4	7
13	1	9	3	10	4	16	15	14	12	2	11	5	6	7	8
12	7	4	8	9	1	2	11	16	10	6	5	15	14	13	3
5	2	14	10	13	7	6	12	8	15	4	3	1	11	16	9
11	16	6	15	3	5	14	8	1	13	9	7	10	4	12	2
7	8	16	4	1	2	10	6	13	11	3	9	14	15	5	12
1	13	15	5	11	14	4	7	2	6	12	8	3	10	9	16
14	9	3	2	5	8	12	13	15	16	10	4	6	7	11	1
10	6	11	12	16	15	9	3	7	5	14	1	8	13	2	4

Puzzle #26

7	5	12	2	6	13	4	9	8	11	14	10	3	1	15	16
15	16	10	13	11	2	5	8	12	9	1	3	6	4	14	7
11	14	6	9	12	15	3	1	4	16	7	2	13	10	5	8
4	1	3	8	16	7	10	14	5	6	15	13	9	2	11	12
9	13	8	15	14	16	12	11	10	2	4	6	7	5	1	3
14	6	7	16	4	1	9	13	15	3	5	11	8	12	2	10
10	12	5	4	3	8	6	2	1	13	16	7	15	14	9	11
1	2	11	3	10	5	7	15	9	12	8	14	4	13	16	6
8	7	1	11	15	3	16	12	2	14	9	5	10	6	13	4
16	9	2	12	7	4	13	6	11	10	3	1	5	15	8	14
6	3	4	10	2	9	14	5	16	8	13	15	12	11	7	1
5	15	13	14	8	11	1	10	7	4	6	12	16	9	3	2
12	11	16	6	5	10	8	7	13	1	2	9	14	3	4	15
2	4	9	7	1	6	15	3	14	5	12	8	11	16	10	13
13	8	14	1	9	12	11	4	3	15	10	16	2	7	6	5
3	10	15	5	13	14	2	16	6	7	11	4	1	8	12	9

Puzzle #27

13	1	7	3	12	6	16	10	5	11	14	9	4	15	8	2
8	5	16	9	2	14	13	11	15	6	4	12	7	10	1	3
4	12	15	2	3	9	1	5	16	10	7	8	14	11	13	6
11	6	14	10	4	7	8	15	2	3	13	1	9	5	12	16
5	9	10	11	6	13	2	8	1	7	3	14	15	4	16	12
2	3	6	8	16	4	12	9	10	15	5	11	1	13	7	14
1	15	13	4	14	3	10	7	12	9	6	16	8	2	11	5
7	14	12	16	5	11	15	1	4	2	8	13	3	9	6	10
16	13	9	15	8	10	14	4	7	1	2	3	12	6	5	11
6	2	5	14	9	15	7	3	13	12	11	4	16	8	10	1
12	8	4	1	13	16	11	6	14	5	9	10	2	3	15	7
10	11	3	7	1	12	5	2	8	16	15	6	13	14	9	4
3	10	8	5	15	1	6	16	9	14	12	2	11	7	4	13
9	4	1	13	11	5	3	14	6	8	16	7	10	12	2	15
15	16	11	12	7	2	9	13	3	4	10	5	6	1	14	8
14	7	2	6	10	8	4	12	11	13	1	15	5	16	3	9

Puzzle #28

7	13	10	16	3	2	5	4	6	1	8	14	15	11	12	9
12	2	4	1	7	15	6	16	5	11	3	9	13	14	8	10
9	6	15	5	10	8	14	11	7	2	13	12	4	16	1	3
8	11	14	3	1	13	9	12	4	15	16	10	6	7	5	2
2	14	5	6	4	7	12	9	15	3	1	16	8	13	10	11
3	7	1	4	13	5	11	15	14	8	10	6	12	2	9	16
11	9	12	13	6	10	16	8	2	4	7	5	1	15	3	14
15	10	16	8	14	3	2	1	12	9	11	13	5	4	7	6
16	1	2	7	12	9	8	10	3	6	15	4	11	5	14	13
13	15	3	9	11	4	7	14	10	5	12	8	16	6	2	1
10	5	8	12	15	1	13	6	11	16	14	2	9	3	4	7
6	4	11	14	2	16	3	5	13	7	9	1	10	12	15	8
5	12	13	2	9	6	10	3	8	14	4	11	7	1	16	15
1	8	9	11	5	14	4	7	16	13	2	15	3	10	6	12
14	3	6	15	16	12	1	13	9	10	5	7	2	8	11	4
4	16	7	10	8	11	15	2	1	12	6	3	14	9	13	5

Puzzle #29

5	4	13	14	10	6	12	16	7	15	9	8	1	2	11	3
3	6	7	15	13	2	9	11	5	14	1	4	8	10	12	16
1	2	11	16	3	7	8	14	13	12	6	10	4	9	5	15
9	10	12	8	1	15	4	5	2	16	11	3	13	6	7	14
2	1	9	12	11	5	3	6	8	7	14	13	10	16	15	4
13	7	6	3	2	9	1	10	12	4	15	16	14	5	8	11
8	14	5	11	7	4	16	15	1	10	2	6	9	3	13	12
10	16	15	4	14	8	13	12	11	9	3	5	7	1	6	2
12	11	3	5	9	14	15	2	6	13	8	7	16	4	1	10
7	13	4	9	12	16	11	3	10	2	5	1	15	8	14	6
6	8	14	1	4	10	7	13	16	3	12	15	2	11	9	5
16	15	10	2	6	1	5	8	9	11	4	14	12	13	3	7
11	5	1	13	15	12	6	7	4	8	10	2	3	14	16	9
15	12	8	10	16	3	2	9	14	6	13	11	5	7	4	1
14	9	16	6	5	13	10	4	3	1	7	12	11	15	2	8
4	3	2	7	8	11	14	1	15	5	16	9	6	12	10	13

Puzzle #30

10	8	9	15	14	11	16	5	13	1	3	7	12	4	6	2
7	16	5	2	6	3	9	4	12	14	11	10	13	1	8	15
12	14	1	13	10	15	8	2	9	5	4	6	11	7	3	16
11	6	3	4	13	12	7	1	2	15	16	8	14	5	10	9
15	5	6	10	3	1	13	7	11	16	9	14	2	12	4	8
3	1	11	16	12	10	6	9	7	8	2	4	5	13	15	14
13	2	8	12	16	4	14	15	5	3	10	1	9	6	7	11
14	7	4	9	5	8	2	11	6	13	12	15	3	16	1	10
2	3	16	11	1	13	10	12	14	4	8	9	6	15	5	7
9	10	7	6	15	16	4	14	1	12	13	5	8	11	2	3
4	12	15	1	2	9	5	8	3	7	6	11	16	10	14	13
8	13	14	5	7	6	11	3	16	10	15	2	1	9	12	4
1	9	10	14	8	7	12	16	15	2	5	13	4	3	11	6
6	4	2	7	11	5	3	13	10	9	14	12	15	8	16	1
5	15	13	3	4	2	1	6	8	11	7	16	10	14	9	12
16	11	12	8	9	14	15	10	4	6	1	3	7	2	13	5

Puzzle #31

15	6	10	2	1	4	13	7	9	11	14	12	8	16	5	3
11	7	5	3	8	6	12	14	2	10	15	16	4	9	1	13
13	9	12	1	15	16	2	11	8	5	4	3	14	10	6	7
8	16	4	14	3	10	5	9	1	7	6	13	15	2	12	11
10	12	6	9	11	5	4	15	7	13	16	14	1	8	3	2
16	2	7	15	6	13	10	3	4	1	12	8	9	14	11	5
5	4	11	13	9	1	14	8	3	15	10	2	16	12	7	6
3	14	1	8	7	2	16	12	11	9	5	6	13	15	10	4
1	5	15	6	14	11	3	4	10	12	8	7	2	13	16	9
14	10	13	4	16	15	1	5	6	3	2	9	11	7	8	12
12	11	3	7	2	9	8	13	16	4	1	5	10	6	14	15
2	8	9	16	10	12	7	6	13	14	11	15	3	5	4	1
7	13	14	5	12	3	11	16	15	8	9	4	6	1	2	10
9	3	2	10	5	7	6	1	14	16	13	11	12	4	15	8
6	15	8	12	4	14	9	10	5	2	3	1	7	11	13	16
4	1	16	11	13	8	15	2	12	6	7	10	5	3	9	14

Puzzle #32

13	4	7	9	1	12	6	10	16	5	8	14	2	11	15	3
14	11	12	10	9	3	8	2	7	1	4	15	6	5	13	16
6	2	5	15	13	4	7	16	10	12	3	11	14	1	9	8
3	1	8	16	5	14	15	11	2	13	9	6	7	10	12	4
12	14	13	6	2	15	16	7	8	10	11	3	5	9	4	1
7	9	2	4	12	6	13	1	5	15	14	16	10	8	3	11
1	16	11	5	8	9	10	3	13	4	12	2	15	14	6	7
15	10	3	8	11	5	14	4	9	6	7	1	16	12	2	13
5	15	1	14	6	7	3	12	4	16	2	8	11	13	10	9
9	13	10	11	4	1	2	8	6	14	15	7	3	16	5	12
2	7	4	12	14	16	9	5	3	11	13	10	8	6	1	15
8	6	16	3	10	13	11	15	1	9	5	12	4	7	14	2
4	8	9	1	15	10	5	14	11	3	16	13	12	2	7	6
16	5	15	2	3	11	1	6	12	7	10	9	13	4	8	14
10	3	6	7	16	8	12	13	14	2	1	4	9	15	11	5
11	12	14	13	7	2	4	9	15	8	6	5	1	3	16	10

Puzzle #33

2	13	1	14	10	11	3	7	12	5	4	9	16	6	15	8
6	11	12	7	9	14	4	1	8	3	16	15	2	10	13	5
3	8	5	9	12	2	16	15	13	11	10	6	1	14	4	7
10	4	16	15	6	8	13	5	7	14	2	1	11	3	9	12
7	10	11	12	4	9	14	8	16	1	3	5	15	2	6	13
16	6	8	4	1	12	10	11	15	13	14	2	5	9	7	3
5	9	3	2	15	6	7	13	10	8	12	4	14	1	16	11
1	15	14	13	16	3	5	2	6	7	9	11	12	4	8	10
14	16	2	11	5	7	8	12	9	10	13	3	4	15	1	6
4	12	13	8	2	1	6	16	14	15	5	7	3	11	10	9
15	5	6	3	14	10	11	9	2	4	1	8	7	13	12	16
9	7	10	1	3	13	15	4	11	12	6	16	8	5	2	14
12	2	9	5	8	15	1	10	3	6	7	14	13	16	11	4
13	14	4	16	7	5	2	6	1	9	11	12	10	8	3	15
11	3	15	6	13	16	12	14	4	2	8	10	9	7	5	1
8	1	7	10	11	4	9	3	5	16	15	13	6	12	14	2

Puzzle #34

1	16	11	12	3	5	7	8	15	2	13	10	14	9	4	6
2	9	10	6	1	12	13	4	11	7	16	14	5	3	8	15
3	7	5	8	2	6	15	14	9	1	4	12	13	10	16	11
13	4	15	14	9	11	10	16	3	5	8	6	1	12	2	7
4	11	2	5	6	13	12	15	1	9	14	3	8	7	10	16
10	15	7	1	16	3	4	5	13	12	11	8	2	14	6	9
14	3	12	13	7	8	11	9	16	10	6	2	15	1	5	4
6	8	16	9	10	1	14	2	7	4	15	5	12	11	3	13
11	2	9	15	8	4	1	10	5	6	3	7	16	13	12	14
8	10	3	4	13	2	5	7	14	15	12	16	11	6	9	1
5	13	1	16	15	14	6	12	10	11	2	9	4	8	7	3
12	14	6	7	11	9	16	3	4	8	1	13	10	5	15	2
7	6	4	2	12	16	3	11	8	13	10	1	9	15	14	5
16	5	14	11	4	7	8	1	12	3	9	15	6	2	13	10
9	1	8	10	5	15	2	13	6	14	7	4	3	16	11	12
15	12	13	3	14	10	9	6	2	16	5	11	7	4	1	8

6	3	11	15	1	9	14	16	5	8	10	13	7	4	2	12
5	12	7	14	15	6	10	13	3	11	4	2	8	1	16	9
13	16	1	10	11	4	2	8	14	7	9	12	5	3	6	15
9	4	8	2	5	3	7	12	15	1	16	6	10	11	13	14
3	7	6	8	2	1	4	15	9	16	13	5	14	12	11	10
15	5	16	9	6	10	3	14	12	4	2	11	1	8	7	13
10	14	2	1	8	12	13	11	7	15	6	3	16	5	9	4
11	13	12	4	7	5	16	9	8	10	1	14	15	2	3	6
8	10	4	16	14	7	1	2	13	3	5	9	12	6	15	11
12	15	3	6	4	16	9	5	2	14	11	8	13	10	1	7
2	1	13	11	3	8	15	6	16	12	7	10	9	14	4	5
14	9	5	7	13	11	12	10	4	6	15	1	3	16	8	2
16	6	14	3	10	13	8	7	11	9	12	4	2	15	5	1
7	8	9	12	16	2	11	1	6	5	14	15	4	13	10	3
1	11	15	13	9	14	5	4	10	2	3	16	6	7	12	8
4	2	10	5	12	15	6	3	1	13	8	7	11	9	14	16

3	9	11	7	4	8	10	14	13	2	15	16	12	5	1	6
6	15	10	14	7	9	12	13	8	1	4	5	2	11	16	3
13	8	4	2	3	5	16	1	14	6	12	11	9	7	10	15
1	12	5	16	15	11	2	6	9	7	3	10	8	14	13	4
8	7	1	4	16	14	15	9	3	10	6	13	11	12	5	2
12	10	13	6	2	7	1	3	15	11	5	14	4	16	8	9
14	2	15	11	5	12	8	10	7	9	16	4	6	13	3	1
9	16	3	5	6	4	13	11	2	12	1	8	7	10	15	14
7	11	9	3	12	13	5	16	4	8	14	2	1	15	6	10
5	4	6	15	11	10	14	8	16	3	7	1	13	2	9	12
10	1	16	13	9	3	6	2	5	15	11	12	14	4	7	8
2	14	8	12	1	15	4	7	6	13	10	9	5	3	11	16
16	5	14	9	13	2	7	15	10	4	8	6	3	1	12	11
15	6	7	8	14	1	11	5	12	16	2	3	10	9	4	13
11	3	12	10	8	16	9	4	1	14	13	7	15	6	2	5
4	13	2	1	10	6	3	12	11	5	9	15	16	8	14	7

Puzzle #37

7	3	5	12	9	16	1	8	4	2	15	10	14	6	13	11
6	9	15	11	3	12	7	4	5	14	1	13	10	16	2	8
10	2	1	8	5	13	11	14	6	9	7	16	3	15	4	12
14	13	4	16	2	15	10	6	11	3	8	12	7	1	9	5
16	1	11	10	13	6	4	7	3	12	14	5	8	2	15	9
2	7	3	9	8	10	15	5	16	13	4	1	6	11	12	14
4	14	8	15	11	2	16	12	10	6	9	7	1	13	5	3
13	12	6	5	1	14	3	9	8	15	2	11	16	4	7	10
11	8	10	13	6	4	12	2	14	5	16	15	9	7	3	1
12	4	16	6	7	11	13	3	2	1	10	9	5	14	8	15
9	5	14	3	15	1	8	10	13	7	11	4	2	12	6	16
1	15	2	7	14	9	5	16	12	8	3	6	4	10	11	13
8	10	9	4	12	3	6	11	1	16	13	2	15	5	14	7
3	16	13	14	10	5	2	15	7	11	6	8	12	9	1	4
15	6	12	1	16	7	14	13	9	4	5	3	11	8	10	2
5	11	7	2	4	8	9	1	15	10	12	14	13	3	16	6

Puzzle #38

11	2	14	16	3	15	6	13	9	1	12	7	4	10	8	5
4	13	9	3	5	2	10	11	14	8	15	6	1	12	7	16
10	8	12	7	4	1	14	16	5	2	11	3	6	9	13	15
15	6	1	5	9	7	12	8	10	13	16	4	11	2	14	3
14	15	4	2	10	12	3	1	16	7	5	8	13	11	9	6
12	9	16	8	15	11	13	2	1	3	6	10	5	7	4	14
1	11	3	6	8	9	7	5	12	14	4	13	15	16	10	2
7	10	5	13	6	14	16	4	11	15	9	2	12	3	1	8
5	7	15	10	13	8	9	12	4	11	3	14	2	6	16	1
16	4	6	1	7	3	11	10	8	12	2	9	14	5	15	13
8	14	2	12	16	6	1	15	7	10	13	5	9	4	3	11
9	3	13	11	2	4	5	14	15	6	1	16	10	8	12	7
3	5	10	4	14	13	2	9	6	16	8	1	7	15	11	12
6	12	8	9	1	10	15	3	13	5	7	11	16	14	2	4
2	1	7	15	11	16	4	6	3	9	14	12	8	13	5	10
13	16	11	14	12	5	8	7	2	4	10	15	3	1	6	9

Puzzle #39

1	11	16	6	12	3	8	4	14	9	5	13	7	15	2	10
14	4	7	9	10	16	13	5	6	1	15	2	3	12	11	8
15	3	2	8	6	9	11	1	10	4	12	7	14	5	16	13
13	12	5	10	2	15	7	14	8	16	3	11	9	1	6	4
7	1	11	16	13	12	2	10	3	14	4	5	15	9	8	6
2	10	6	14	9	1	3	8	13	7	16	15	4	11	5	12
4	9	12	5	11	6	14	15	1	8	2	10	13	3	7	16
8	13	15	3	7	5	4	16	9	11	6	12	1	14	10	2
16	7	9	2	1	14	10	11	4	13	8	3	12	6	15	5
12	8	10	11	15	7	9	13	2	5	14	6	16	4	1	3
3	5	4	13	16	8	6	2	12	15	11	1	10	7	9	14
6	15	14	1	3	4	5	12	16	10	7	9	8	2	13	11
9	2	3	15	4	11	16	6	7	12	13	8	5	10	14	1
11	14	1	7	8	10	12	3	5	2	9	16	6	13	4	15
5	16	13	12	14	2	1	9	15	6	10	4	11	8	3	7
10	6	8	4	5	13	15	7	11	3	1	14	2	16	12	9

Puzzle #40

15	8	5	6	1	2	3	4	16	9	11	13	12	7	14	10
7	2	12	14	11	10	16	15	1	3	8	5	6	13	4	9
1	9	3	10	12	6	8	13	7	15	4	14	5	16	2	11
16	13	4	11	14	9	7	5	10	6	2	12	1	3	15	8
8	6	9	1	10	4	13	14	12	2	5	16	7	11	3	15
3	7	11	13	5	12	2	8	9	14	10	15	16	4	6	1
10	16	2	4	3	15	11	1	8	7	13	6	14	12	9	5
5	12	14	15	9	7	6	16	3	11	1	4	2	8	10	13
9	11	15	5	16	3	1	10	6	8	14	7	13	2	12	4
14	1	7	12	6	5	4	2	13	16	15	9	8	10	11	3
2	10	16	3	13	8	14	9	4	5	12	11	15	1	7	6
13	4	6	8	15	11	12	7	2	10	3	1	9	14	5	16
11	14	10	9	7	13	15	12	5	1	16	3	4	6	8	2
12	3	13	16	2	14	5	6	11	4	9	8	10	15	1	7
4	5	1	7	8	16	10	11	15	12	6	2	3	9	13	14
6	15	8	2	4	1	9	3	14	13	7	10	11	5	16	12

Puzzle #41

2	3	9	1	10	11	16	7	5	6	15	12	4	13	14	8
12	15	5	6	3	8	4	14	2	11	10	13	9	16	1	7
13	7	10	4	12	5	9	2	1	14	16	8	6	15	11	3
14	8	11	16	6	1	13	15	9	4	3	7	10	5	12	2
15	12	14	10	1	3	11	6	8	13	5	16	7	4	2	9
11	4	8	7	9	15	10	16	6	3	2	14	12	1	5	13
9	5	16	3	4	14	2	13	7	12	11	1	15	6	8	10
1	2	6	13	5	12	7	8	15	9	4	10	11	3	16	14
10	14	7	5	15	13	1	11	16	8	6	2	3	12	9	4
8	13	3	11	7	2	6	4	14	1	12	9	16	10	15	5
4	9	1	15	14	16	12	10	11	5	13	3	2	8	7	6
16	6	2	12	8	9	5	3	4	10	7	15	1	14	13	11
3	10	12	2	11	4	8	9	13	15	1	5	14	7	6	16
7	1	15	14	13	6	3	5	10	16	9	11	8	2	4	12
6	16	13	9	2	10	14	1	12	7	8	4	5	11	3	15
5	11	4	8	16	7	15	12	3	2	14	6	13	9	10	1

Puzzle #42

14	16	12	11	10	5	2	8	7	1	15	3	6	9	4	13
9	1	3	5	12	13	14	7	11	16	4	6	2	15	10	8
6	10	8	4	11	15	9	16	14	5	13	2	12	7	3	1
15	2	13	7	1	4	3	6	10	9	12	8	11	16	14	5
11	7	6	2	14	3	1	10	4	13	8	5	15	12	16	9
1	4	16	8	13	7	6	9	12	15	2	11	3	10	5	14
12	15	10	14	16	8	11	5	1	7	3	9	13	2	6	4
5	3	9	13	4	12	15	2	6	14	16	10	8	11	1	7
13	14	15	16	9	10	7	3	8	11	6	4	5	1	2	12
10	8	1	3	6	14	4	15	2	12	5	7	9	13	11	16
2	5	7	6	8	11	16	12	9	10	1	13	14	4	15	3
4	9	11	12	5	2	13	1	16	3	14	15	10	8	7	6
3	11	14	1	15	9	10	4	5	8	7	12	16	6	13	2
8	13	2	10	7	6	5	11	3	4	9	16	1	14	12	15
7	12	5	15	2	16	8	14	13	6	11	1	4	3	9	10
16	6	4	9	3	1	12	13	15	2	10	14	7	5	8	11

Puzzle #43

9	3	8	14	5	2	15	13	4	12	7	10	11	1	16	6
6	10	2	7	9	11	12	1	16	13	5	14	3	15	8	4
13	1	16	15	6	7	10	4	9	3	8	11	2	5	12	14
4	5	12	11	14	8	3	16	1	15	2	6	7	9	10	13
8	12	13	9	16	15	1	2	10	6	14	4	5	3	7	11
10	16	15	2	4	5	13	14	12	7	11	3	1	8	6	9
3	7	1	5	10	9	11	6	15	2	13	8	14	16	4	12
11	14	4	6	3	12	7	8	5	1	16	9	13	10	2	15
12	4	9	13	1	6	16	3	2	10	15	7	8	14	11	5
15	11	7	3	12	4	8	9	13	14	6	5	10	2	1	16
16	2	14	10	11	13	5	7	8	4	12	1	15	6	9	3
5	8	6	1	2	10	14	15	11	9	3	16	4	12	13	7
2	13	10	8	15	3	4	5	6	11	9	12	16	7	14	1
7	6	11	16	8	14	9	10	3	5	1	13	12	4	15	2
1	9	3	12	7	16	2	11	14	8	4	15	6	13	5	10
14	15	5	4	13	1	6	12	7	16	10	2	9	11	3	8

Puzzle #44

4	8	9	3	6	1	14	2	10	15	13	5	7	11	16	12
14	7	13	15	16	8	9	11	3	4	2	12	1	10	5	6
5	12	2	10	13	3	7	4	16	11	6	1	8	9	15	14
1	6	11	16	12	5	15	10	9	7	14	8	2	3	13	4
15	10	1	12	11	13	5	16	6	8	7	14	9	4	2	3
16	9	5	7	3	12	4	8	13	1	10	2	6	14	11	15
3	14	8	2	15	6	1	7	4	9	11	16	12	5	10	13
13	4	6	11	10	9	2	14	5	12	3	15	16	7	1	8
10	16	15	4	14	7	11	13	1	3	9	6	5	8	12	2
8	13	12	1	2	16	6	5	7	14	4	10	11	15	3	9
9	2	3	6	4	10	8	1	15	5	12	11	14	13	7	16
11	5	7	14	9	15	3	12	8	2	16	13	4	1	6	10
12	15	4	5	1	2	10	3	11	16	8	9	13	6	14	7
6	1	14	9	7	4	16	15	12	13	5	3	10	2	8	11
2	3	10	13	8	11	12	9	14	6	1	7	15	16	4	5
7	11	16	8	5	14	13	6	2	10	15	4	3	12	9	1

Puzzle #45

13	1	16	12	11	7	4	9	8	10	15	14	2	3	5	6
10	15	8	4	12	13	16	6	2	3	5	7	9	14	11	1
6	14	5	11	10	2	8	3	4	9	1	12	15	16	13	7
2	7	9	3	1	5	15	14	16	11	6	13	8	4	12	10
9	3	2	14	8	11	1	10	5	16	13	6	7	15	4	12
7	13	1	16	9	14	6	4	12	8	3	15	10	5	2	11
15	10	11	5	3	16	2	12	14	4	7	1	13	8	6	9
8	12	4	6	7	15	13	5	11	2	10	9	3	1	14	16
12	5	7	9	14	10	3	13	15	1	4	16	6	11	8	2
3	2	13	8	16	1	7	15	9	6	11	5	14	12	10	4
16	11	14	10	4	6	5	8	7	13	12	2	1	9	3	15
1	4	6	15	2	9	12	11	10	14	8	3	16	13	7	5
11	9	10	2	5	3	14	7	1	12	16	8	4	6	15	13
4	16	3	7	6	12	10	1	13	15	14	11	5	2	9	8
5	6	12	13	15	8	9	16	3	7	2	4	11	10	1	14
14	8	15	1	13	4	11	2	6	5	9	10	12	7	16	3

Puzzle #46

8	6	3	9	7	2	13	14	10	16	15	1	11	5	12	4
15	2	13	12	4	5	1	6	11	14	7	3	10	8	16	9
4	14	16	1	3	12	11	10	2	9	8	5	6	7	15	13
7	5	10	11	15	16	8	9	4	13	6	12	2	3	14	1
10	8	14	15	5	3	16	12	1	6	9	2	7	4	13	11
6	9	1	13	8	11	15	7	12	5	14	4	16	2	3	10
12	4	2	7	9	6	14	13	3	11	16	10	8	1	5	15
11	16	5	3	10	4	2	1	15	7	13	8	14	9	6	12
3	1	9	8	6	7	10	4	13	12	11	14	5	15	2	16
13	15	4	2	12	8	3	11	9	10	5	16	1	14	7	6
14	11	7	16	1	13	5	15	8	4	2	6	12	10	9	3
5	10	12	6	2	14	9	16	7	1	3	15	4	13	11	8
2	13	8	4	11	15	12	5	6	3	10	7	9	16	1	14
16	3	11	5	13	10	6	2	14	8	1	9	15	12	4	7
9	12	15	10	14	1	7	3	16	2	4	11	13	6	8	5
1	7	6	14	16	9	4	8	5	15	12	13	3	11	10	2

Puzzle #47

13	16	15	4	6	14	12	7	5	10	1	9	2	8	11	3
5	12	10	2	13	11	3	15	7	16	14	8	1	4	6	9
14	6	11	8	16	1	4	9	3	2	15	13	7	10	5	12
1	3	9	7	10	8	2	5	11	4	6	12	13	16	15	14
16	14	2	9	5	10	11	6	12	7	3	15	8	13	1	4
11	4	5	15	8	2	14	12	16	1	13	6	3	9	10	7
12	8	1	10	4	3	7	13	9	11	5	14	16	15	2	6
7	13	6	3	15	16	9	1	4	8	10	2	5	12	14	11
2	9	3	5	1	4	16	14	10	15	8	7	6	11	12	13
15	11	12	1	7	13	8	10	6	3	4	16	14	5	9	2
4	7	16	13	11	9	6	2	1	14	12	5	10	3	8	15
8	10	14	6	12	15	5	3	2	13	9	11	4	7	16	1
3	15	7	12	14	5	13	11	8	6	2	10	9	1	4	16
6	5	13	11	3	12	10	4	14	9	16	1	15	2	7	8
10	2	4	16	9	6	1	8	15	12	7	3	11	14	13	5
9	1	8	14	2	7	15	16	13	5	11	4	12	6	3	10

Puzzle #48

7	5	3	13	16	9	1	12	15	14	2	11	6	10	4	8
14	12	4	9	2	6	7	5	10	1	16	8	13	3	11	15
10	2	1	11	8	4	3	15	9	5	13	6	16	14	7	12
15	8	6	16	10	11	13	14	12	3	7	4	5	9	1	2
6	9	10	1	15	12	8	3	13	2	14	5	7	4	16	11
16	13	12	8	11	7	5	1	3	6	4	9	15	2	14	10
5	3	7	4	6	13	14	2	16	15	11	10	9	8	12	1
11	14	2	15	4	16	10	9	7	12	8	1	3	6	13	5
13	15	8	6	1	2	16	4	11	9	10	12	14	5	3	7
1	4	16	2	9	15	12	7	5	8	3	14	11	13	10	6
3	10	14	7	5	8	11	13	1	16	6	2	12	15	9	4
9	11	5	12	3	14	6	10	4	13	15	7	2	1	8	16
2	1	15	5	7	10	9	16	14	4	12	3	8	11	6	13
4	6	9	10	12	3	15	11	8	7	5	13	1	16	2	14
12	16	11	14	13	1	2	8	6	10	9	15	4	7	5	3
8	7	13	3	14	5	4	6	2	11	1	16	10	12	15	9

Puzzle #49

11	9	1	2	4	16	12	14	3	8	7	5	6	15	10	13
12	3	15	10	13	6	1	5	16	14	4	2	7	8	11	9
14	8	6	13	10	15	7	2	1	9	11	12	16	4	5	3
16	7	4	5	9	3	8	11	6	10	15	13	2	14	12	1
5	14	16	4	6	13	15	8	12	2	3	10	9	1	7	11
10	1	8	15	12	4	9	3	5	7	16	11	14	13	2	6
7	12	3	11	16	10	2	1	13	6	14	9	8	5	4	15
6	13	2	9	5	14	11	7	15	1	8	4	10	16	3	12
4	15	12	14	3	11	5	9	7	13	6	8	1	2	16	10
8	2	7	6	15	1	14	10	11	4	12	16	13	3	9	5
13	16	10	1	7	8	4	6	9	5	2	3	12	11	15	14
9	11	5	3	2	12	16	13	14	15	10	1	4	6	8	7
3	10	9	7	1	5	6	4	2	16	13	15	11	12	14	8
15	4	13	12	8	9	3	16	10	11	1	14	5	7	6	2
1	6	11	8	14	2	10	12	4	3	5	7	15	9	13	16
2	5	14	16	11	7	13	15	8	12	9	6	3	10	1	4

Puzzle #50

10	14	1	2	6	9	3	4	15	7	11	5	16	12	8	13
16	9	12	7	14	5	2	1	4	10	13	8	11	3	6	15
5	4	8	11	7	10	15	13	3	6	16	12	1	9	14	2
13	3	6	15	11	12	8	16	14	2	1	9	7	10	4	5
11	2	7	5	8	6	4	15	10	16	12	14	9	13	1	3
8	16	13	3	12	14	1	9	11	5	2	15	10	4	7	6
9	6	4	14	2	7	10	11	1	13	8	3	15	16	5	12
12	15	10	1	13	16	5	3	7	9	4	6	2	8	11	14
2	10	9	12	3	8	16	5	13	4	6	1	14	11	15	7
7	1	16	6	9	15	13	14	2	12	3	11	8	5	10	4
14	8	11	4	1	2	12	7	16	15	5	10	13	6	3	9
15	5	3	13	10	4	11	6	9	8	14	7	12	2	16	1
4	12	2	16	5	1	6	10	8	14	7	13	3	15	9	11
3	11	5	8	15	13	7	12	6	1	9	16	4	14	2	10
1	13	14	10	4	11	9	8	5	3	15	2	6	7	12	16
6	7	15	9	16	3	14	2	12	11	10	4	5	1	13	8

Puzzle #51

9	10	12	14	8	3	5	16	7	11	2	6	15	13	1	4
8	6	1	15	11	14	10	12	4	3	13	9	7	5	16	2
13	5	2	7	9	1	4	6	15	8	12	16	11	14	3	10
11	16	4	3	13	7	15	2	10	5	14	1	8	12	9	6
5	15	9	8	6	10	12	1	11	13	7	14	4	16	2	3
12	3	7	16	2	13	14	11	5	4	9	15	1	10	6	8
14	13	10	11	5	8	16	4	1	2	6	3	9	15	7	12
4	1	6	2	7	15	3	9	16	12	10	8	5	11	13	14
16	12	5	13	15	9	7	10	6	14	8	11	3	2	4	1
3	11	8	4	16	12	13	14	9	1	5	2	10	6	15	7
6	9	15	10	4	2	1	5	3	7	16	12	14	8	11	13
7	2	14	1	3	6	11	8	13	15	4	10	12	9	5	16
1	14	11	6	10	4	2	7	8	16	15	5	13	3	12	9
10	8	16	5	1	11	9	13	12	6	3	4	2	7	14	15
15	4	13	12	14	16	8	3	2	9	11	7	6	1	10	5
2	7	3	9	12	5	6	15	14	10	1	13	16	4	8	11

Puzzle #52

12	14	1	6	5	8	2	11	10	7	9	13	3	16	15	4
15	11	13	5	9	1	10	3	6	14	4	16	8	12	7	2
9	4	16	10	7	15	12	6	11	3	2	8	1	13	14	5
2	3	7	8	13	4	16	14	15	12	5	1	6	9	10	11
14	7	8	13	2	10	4	1	16	9	15	6	5	3	11	12
4	12	11	3	15	9	6	5	2	1	14	7	16	10	13	8
1	2	10	15	14	12	3	16	13	8	11	5	4	7	9	6
6	5	9	16	11	7	8	13	3	10	12	4	15	1	2	14
5	8	2	12	6	13	1	7	4	15	3	10	11	14	16	9
11	10	6	14	16	3	15	12	9	13	8	2	7	5	4	1
7	9	3	1	4	5	14	2	12	16	6	11	10	15	8	13
16	13	15	4	10	11	9	8	7	5	1	14	12	2	6	3
8	6	12	11	3	16	5	9	14	2	10	15	13	4	1	7
3	1	14	7	12	6	13	15	8	4	16	9	2	11	5	10
13	15	4	2	1	14	11	10	5	6	7	12	9	8	3	16
10	16	5	9	8	2	7	4	1	11	13	3	14	6	12	15

Puzzle #53

3	8	14	6	16	1	9	13	2	4	7	15	5	10	12	11
4	11	12	16	5	6	8	7	9	13	3	10	1	14	15	2
7	2	15	1	4	12	10	11	8	14	6	5	13	16	3	9
9	10	13	5	15	3	2	14	11	16	12	1	8	7	4	6
1	15	3	11	10	4	5	16	7	6	8	14	2	13	9	12
10	4	9	13	7	2	15	6	1	3	5	12	14	11	16	8
16	12	2	7	8	13	14	3	15	9	4	11	10	6	5	1
6	5	8	14	9	11	12	1	10	2	13	16	4	15	7	3
13	6	4	12	11	10	3	15	5	1	14	2	7	9	8	16
11	14	10	3	2	16	7	5	4	8	9	6	15	12	1	13
8	16	7	2	6	9	1	4	12	10	15	13	11	3	14	5
5	9	1	15	12	14	13	8	16	7	11	3	6	2	10	4
15	3	16	8	13	7	11	9	14	5	2	4	12	1	6	10
12	1	5	10	3	15	4	2	6	11	16	7	9	8	13	14
2	7	6	9	14	5	16	10	13	12	1	8	3	4	11	15
14	13	11	4	1	8	6	12	3	15	10	9	16	5	2	7

Puzzle #54

12	16	13	3	2	7	5	1	9	4	14	10	15	8	11	6
1	4	6	2	9	10	12	13	7	15	11	8	3	16	5	14
9	11	15	10	8	4	6	14	13	5	16	3	12	7	2	1
7	8	14	5	3	16	11	15	2	6	12	1	13	10	9	4
4	3	2	15	13	5	8	7	12	11	9	16	14	6	1	10
8	5	16	6	1	2	10	12	14	3	15	7	4	9	13	11
14	10	12	7	15	11	3	9	6	13	1	4	5	2	16	8
11	9	1	13	16	14	4	6	10	2	8	5	7	12	15	3
3	7	10	16	12	9	2	4	1	14	13	6	11	15	8	5
13	12	9	11	10	8	15	5	4	16	3	2	1	14	6	7
2	15	5	8	6	1	14	3	11	9	7	12	16	4	10	13
6	1	4	14	11	13	7	16	5	8	10	15	2	3	12	9
10	14	3	9	5	12	1	2	16	7	6	13	8	11	4	15
16	13	8	12	4	3	9	11	15	10	5	14	6	1	7	2
5	6	7	4	14	15	16	10	8	1	2	11	9	13	3	12
15	2	11	1	7	6	13	8	3	12	4	9	10	5	14	16

Puzzle #55

14	16	13	11	10	1	2	12	9	3	5	4	7	8	6	15
6	2	8	15	16	7	5	9	14	13	12	1	4	3	10	11
5	4	10	9	15	11	8	3	2	16	7	6	12	1	14	13
3	7	12	1	6	13	14	4	10	15	8	11	2	5	16	9
12	15	6	16	9	5	4	10	13	7	3	8	1	2	11	14
8	11	1	2	14	16	13	15	5	6	10	12	9	7	4	3
7	14	5	3	2	12	6	1	4	11	9	16	10	15	13	8
10	9	4	13	8	3	11	7	1	14	2	15	5	16	12	6
4	8	14	12	1	9	16	5	7	2	6	13	15	11	3	10
13	5	11	7	3	2	12	8	16	9	15	10	6	14	1	4
9	1	2	10	4	14	15	6	8	5	11	3	13	12	7	16
16	3	15	6	13	10	7	11	12	1	4	14	8	9	2	5
11	13	7	5	12	4	10	16	3	8	1	9	14	6	15	2
1	12	16	14	11	6	9	2	15	4	13	5	3	10	8	7
15	10	9	4	7	8	3	14	6	12	16	2	11	13	5	1
2	6	3	8	5	15	1	13	11	10	14	7	16	4	9	12

Puzzle #56

2	5	12	7	15	13	4	6	8	14	3	9	1	10	11	16
8	9	14	11	2	1	12	5	13	16	15	10	7	6	3	4
6	3	10	1	14	7	9	16	11	12	4	2	15	8	13	5
13	15	4	16	3	10	11	8	7	1	5	6	2	14	12	9
1	12	6	15	4	14	5	3	16	2	11	7	8	13	9	10
9	11	13	14	7	8	6	15	3	10	12	4	16	1	5	2
10	4	2	8	12	11	16	1	15	9	13	5	14	7	6	3
3	16	7	5	9	2	13	10	1	6	14	8	11	15	4	12
5	6	16	2	1	4	14	12	10	11	8	13	3	9	7	15
4	8	1	9	16	5	3	13	6	15	7	12	10	11	2	14
12	10	15	13	11	9	8	7	2	3	16	14	4	5	1	6
7	14	11	3	6	15	10	2	4	5	9	1	13	12	16	8
15	13	5	12	10	6	1	11	14	4	2	16	9	3	8	7
16	1	8	10	13	12	15	4	9	7	6	3	5	2	14	11
14	7	3	6	8	16	2	9	5	13	10	11	12	4	15	1
11	2	9	4	5	3	7	14	12	8	1	15	6	16	10	13

Puzzle #57

8	7	13	9	5	2	6	3	12	4	16	1	10	11	14	15
4	11	1	14	13	9	16	10	7	6	8	15	3	12	5	2
3	16	5	2	4	7	12	15	10	11	14	9	13	6	8	1
6	12	10	15	1	11	14	8	3	13	5	2	9	7	16	4
11	14	2	5	10	16	4	13	8	15	6	7	12	1	3	9
9	8	6	4	2	15	1	5	11	14	12	3	7	10	13	16
12	1	15	7	8	14	3	11	16	9	13	10	6	4	2	5
13	10	3	16	9	6	7	12	2	5	1	4	14	8	15	11
16	13	9	1	7	3	8	6	4	2	10	14	5	15	11	12
7	2	8	3	11	10	5	1	6	12	15	13	4	16	9	14
15	4	11	12	16	13	2	14	9	8	7	5	1	3	6	10
5	6	14	10	15	12	9	4	1	3	11	16	2	13	7	8
1	5	16	11	14	4	10	2	15	7	3	6	8	9	12	13
2	3	12	13	6	1	11	16	5	10	9	8	15	14	4	7
14	9	4	6	12	8	15	7	13	1	2	11	16	5	10	3
10	15	7	8	3	5	13	9	14	16	4	12	11	2	1	6

Puzzle #58

2	13	15	16	1	12	11	3	5	4	8	6	7	14	9	10
10	1	5	4	16	8	9	6	15	7	13	14	3	11	2	12
6	12	3	14	15	13	10	7	1	2	11	9	16	8	5	4
9	8	11	7	14	2	5	4	12	16	3	10	15	13	1	6
16	5	6	9	8	15	3	12	13	1	10	11	2	7	4	14
13	4	8	3	11	6	14	16	7	15	12	2	9	1	10	5
14	11	1	12	10	4	7	2	16	6	9	5	13	3	8	15
7	2	10	15	9	1	13	5	3	8	14	4	12	16	6	11
12	3	14	1	4	16	2	11	6	10	5	7	8	15	13	9
5	6	2	8	12	3	15	1	11	9	4	13	14	10	7	16
4	9	16	11	13	7	8	10	2	14	15	3	6	5	12	1
15	7	13	10	5	14	6	9	8	12	1	16	4	2	11	3
8	10	9	13	7	5	4	15	14	3	6	1	11	12	16	2
1	15	7	2	6	10	12	14	9	11	16	8	5	4	3	13
11	16	12	5	3	9	1	8	4	13	2	15	10	6	14	7
3	14	4	6	2	11	16	13	10	5	7	12	1	9	15	8

Puzzle #59

10	6	7	9	12	15	11	4	13	16	8	14	1	3	2	5
13	4	1	12	2	8	5	7	6	15	9	3	10	11	14	16
11	2	5	15	1	14	16	3	10	12	4	7	9	6	8	13
14	8	3	16	6	9	13	10	5	1	11	2	12	4	7	15
3	9	4	10	8	12	1	6	15	14	2	11	13	16	5	7
2	7	15	11	3	16	10	14	12	8	5	13	6	9	4	1
12	14	16	1	4	5	7	13	3	9	6	10	11	8	15	2
5	13	8	6	11	2	15	9	4	7	1	16	3	12	10	14
8	10	12	2	9	1	6	15	7	13	16	5	4	14	3	11
6	16	13	3	5	7	12	8	9	11	14	4	2	15	1	10
9	15	14	7	13	11	4	16	2	3	10	1	8	5	6	12
4	1	11	5	10	3	14	2	8	6	15	12	16	7	13	9
7	12	6	13	15	4	2	11	14	10	3	9	5	1	16	8
16	3	10	8	7	6	9	5	1	2	12	15	14	13	11	4
1	5	2	14	16	13	3	12	11	4	7	8	15	10	9	6
15	11	9	4	14	10	8	1	16	5	13	6	7	2	12	3

Puzzle #60

11	8	10	2	16	5	1	9	7	3	13	6	12	15	4	14
16	12	9	4	15	13	10	7	2	1	14	5	6	3	11	8
1	7	5	14	3	6	11	12	8	15	16	4	2	13	10	9
13	15	3	6	14	2	8	4	11	12	9	10	5	1	7	16
10	9	7	16	6	4	2	13	3	11	1	12	14	5	8	15
6	11	2	15	5	7	9	8	4	16	10	14	3	12	1	13
4	13	1	3	11	15	12	14	5	2	6	8	9	7	16	10
8	5	14	12	10	16	3	1	9	13	15	7	11	6	2	4
14	3	13	8	12	9	4	6	10	7	2	16	1	11	15	5
5	6	11	7	8	10	14	3	1	4	12	15	13	16	9	2
2	4	16	9	7	1	5	15	6	8	11	13	10	14	3	12
15	10	12	1	13	11	16	2	14	5	3	9	4	8	6	7
7	1	8	11	2	14	15	5	12	9	4	3	16	10	13	6
12	2	6	10	4	8	13	11	16	14	7	1	15	9	5	3
9	14	15	5	1	3	6	16	13	10	8	2	7	4	12	11
3	16	4	13	9	12	7	10	15	6	5	11	8	2	14	1

Puzzle #61

9	15	16	4	2	13	8	11	3	12	5	14	10	6	1	7
5	12	8	11	6	1	15	14	4	10	2	7	13	16	3	9
14	7	2	3	4	5	10	16	13	9	6	1	8	12	11	15
13	1	10	6	12	9	3	7	16	8	15	11	2	4	14	5
11	14	5	2	8	12	4	9	15	16	1	6	3	7	13	10
8	9	7	12	11	10	2	6	14	13	3	5	1	15	16	4
1	13	6	10	3	16	14	15	11	4	7	8	12	9	5	2
15	3	4	16	13	7	1	5	9	2	12	10	6	14	8	11
10	8	13	9	1	14	7	12	2	3	4	15	11	5	6	16
16	11	3	15	10	8	13	4	6	5	9	12	7	1	2	14
4	2	12	7	5	6	9	3	1	11	14	16	15	13	10	8
6	5	14	1	15	11	16	2	8	7	10	13	4	3	9	12
3	16	9	8	14	15	11	10	7	1	13	4	5	2	12	6
12	10	11	14	7	2	6	1	5	15	16	3	9	8	4	13
7	6	1	13	9	4	5	8	12	14	11	2	16	10	15	3
2	4	15	5	16	3	12	13	10	6	8	9	14	11	7	1

Puzzle #62

5	1	15	12	13	7	9	6	4	11	14	2	8	10	3	16
7	6	9	2	15	4	3	5	13	10	8	16	14	11	12	1
4	8	16	10	11	1	14	2	3	12	15	7	13	6	5	9
13	14	3	11	16	12	10	8	5	9	6	1	15	2	4	7
3	15	11	9	6	13	2	7	16	1	4	14	5	8	10	12
14	13	6	8	4	3	15	10	2	5	9	12	16	7	1	11
16	5	10	7	8	14	12	1	6	13	11	3	2	4	9	15
12	2	1	4	9	16	5	11	8	7	10	15	6	13	14	3
6	11	2	16	14	10	1	12	15	3	5	8	7	9	13	4
8	10	14	1	7	6	11	3	9	4	16	13	12	15	2	5
15	7	4	13	5	9	8	16	10	2	12	6	1	3	11	14
9	12	5	3	2	15	13	4	1	14	7	11	10	16	6	8
11	4	12	15	3	8	6	13	14	16	2	5	9	1	7	10
10	3	8	5	12	2	7	15	11	6	1	9	4	14	16	13
1	9	13	6	10	5	16	14	7	15	3	4	11	12	8	2
2	16	7	14	1	11	4	9	12	8	13	10	3	5	15	6

Puzzle #63

1	9	15	8	6	16	10	14	3	7	4	12	13	11	5	2
7	5	14	3	11	13	9	15	10	2	1	6	8	16	4	12
16	6	13	12	7	2	3	4	8	9	5	11	14	10	15	1
4	2	10	11	8	5	12	1	13	15	14	16	3	7	9	6
9	16	1	2	10	4	8	6	12	3	15	13	11	14	7	5
14	7	6	10	15	12	2	16	5	11	8	1	9	4	3	13
12	3	4	13	5	1	14	11	2	10	7	9	15	6	16	8
15	8	11	5	13	3	7	9	4	6	16	14	12	2	1	10
2	10	12	6	9	11	16	8	1	5	13	15	7	3	14	4
8	4	9	7	14	10	15	3	16	12	6	2	1	5	13	11
5	14	16	1	4	7	13	2	9	8	11	3	10	12	6	15
11	13	3	15	12	6	1	5	14	4	10	7	2	9	8	16
10	11	7	4	3	8	6	13	15	14	12	5	16	1	2	9
6	12	2	16	1	9	5	10	7	13	3	8	4	15	11	14
13	1	5	14	2	15	4	7	11	16	9	10	6	8	12	3
3	15	8	9	16	14	11	12	6	1	2	4	5	13	10	7

Puzzle #64

13	10	11	5	7	4	3	14	12	2	6	8	15	16	9	1
3	16	8	1	12	15	10	6	11	13	7	9	14	5	2	4
4	7	2	15	16	11	1	9	14	3	10	5	12	6	8	13
9	14	6	12	5	8	13	2	4	15	16	1	10	11	7	3
7	3	14	4	8	13	2	11	5	16	9	10	6	15	1	12
16	15	10	13	1	6	12	5	8	4	11	3	9	7	14	2
2	5	9	8	14	3	7	10	1	12	15	6	4	13	11	16
6	12	1	11	9	16	15	4	13	14	2	7	3	10	5	8
8	11	16	10	3	5	14	7	2	9	12	15	1	4	13	6
5	9	3	7	6	10	4	13	16	11	1	14	8	2	12	15
14	1	13	2	15	12	11	16	10	6	8	4	7	9	3	5
15	4	12	6	2	1	9	8	7	5	3	13	16	14	10	11
10	8	4	9	11	2	5	3	6	1	14	16	13	12	15	7
12	13	7	14	4	9	16	1	15	8	5	11	2	3	6	10
1	2	5	16	10	14	6	15	3	7	13	12	11	8	4	9
11	6	15	3	13	7	8	12	9	10	4	2	5	1	16	14

Puzzle #65

4	8	12	7	3	13	14	16	5	10	11	1	6	15	9	2
16	5	9	2	1	6	15	7	12	3	4	8	14	10	11	13
10	14	13	6	9	8	4	11	7	2	16	15	1	5	12	3
15	11	3	1	2	12	10	5	13	9	6	14	8	7	16	4
5	6	10	4	12	11	1	13	15	14	7	2	16	3	8	9
7	9	2	8	6	3	5	14	10	16	13	12	15	1	4	11
11	1	15	16	4	9	2	10	3	5	8	6	12	14	13	7
13	3	14	12	7	15	16	8	9	4	1	11	5	2	6	10
9	16	11	3	8	4	6	12	1	15	2	7	10	13	14	5
1	10	5	14	16	7	11	9	6	12	3	13	4	8	2	15
8	2	7	15	10	14	13	1	16	11	5	4	9	6	3	12
6	12	4	13	15	5	3	2	14	8	10	9	11	16	7	1
12	15	16	5	13	1	9	6	4	7	14	3	2	11	10	8
14	7	1	11	5	16	8	4	2	13	12	10	3	9	15	6
3	13	6	10	11	2	12	15	8	1	9	16	7	4	5	14
2	4	8	9	14	10	7	3	11	6	15	5	13	12	1	16

Puzzle #66

13	1	8	12	16	3	15	9	5	14	10	11	2	7	6	4
10	16	3	5	12	7	14	4	2	15	13	6	1	8	9	11
15	6	9	11	10	2	8	5	1	12	7	4	16	14	3	13
2	14	4	7	1	13	6	11	8	3	16	9	5	15	12	10
11	3	13	10	8	9	12	7	15	6	5	14	4	16	1	2
12	5	15	2	4	16	3	1	11	8	9	7	14	13	10	6
8	7	14	6	11	10	5	2	13	1	4	16	3	9	15	12
9	4	1	16	14	15	13	6	12	10	2	3	8	11	7	5
7	15	10	8	2	1	16	13	14	4	12	5	6	3	11	9
3	13	2	4	5	6	7	12	9	11	8	1	15	10	16	14
1	12	16	9	15	14	11	8	6	2	3	10	13	5	4	7
5	11	6	14	9	4	10	3	7	16	15	13	12	1	2	8
6	8	12	13	7	5	4	10	3	9	1	15	11	2	14	16
4	9	5	1	6	11	2	15	16	7	14	8	10	12	13	3
16	10	7	3	13	12	1	14	4	5	11	2	9	6	8	15
14	2	11	15	3	8	9	16	10	13	6	12	7	4	5	1

Puzzle #67

14	9	5	10	16	13	1	11	12	2	15	8	6	7	4	3
6	7	15	3	4	2	5	12	1	11	9	16	13	10	8	14
2	4	16	11	15	8	14	6	7	10	13	3	12	1	9	5
12	8	1	13	7	10	9	3	4	6	14	5	16	2	11	15
8	12	13	5	9	15	10	2	3	4	11	7	14	16	6	1
11	10	3	15	8	7	6	1	9	12	16	14	4	5	13	2
16	14	6	7	11	3	12	4	13	1	5	2	10	8	15	9
1	2	4	9	5	16	13	14	10	8	6	15	7	11	3	12
4	5	7	12	3	9	2	10	6	14	1	11	8	15	16	13
15	1	10	16	14	5	11	7	8	3	2	13	9	6	12	4
13	11	14	6	1	4	8	16	5	15	12	9	2	3	10	7
9	3	2	8	12	6	15	13	16	7	4	10	1	14	5	11
10	16	9	2	13	12	3	15	14	5	7	6	11	4	1	8
5	15	8	4	2	14	16	9	11	13	10	1	3	12	7	6
3	6	12	1	10	11	7	5	2	9	8	4	15	13	14	16
7	13	11	14	6	1	4	8	15	16	3	12	5	9	2	10

Puzzle #68

9	14	1	4	8	16	3	13	10	12	2	6	7	5	11	15
13	15	10	5	11	4	14	1	7	9	3	16	8	12	2	6
2	7	16	3	12	15	9	6	5	14	8	11	1	4	10	13
12	11	8	6	2	5	7	10	1	13	4	15	14	9	3	16
15	6	12	7	5	13	11	9	4	3	10	1	16	2	14	8
8	3	14	13	15	2	16	12	9	7	6	5	10	11	4	1
16	2	11	10	14	6	1	4	15	8	13	12	3	7	5	9
4	9	5	1	3	8	10	7	11	2	16	14	13	15	6	12
10	4	13	15	6	11	2	3	16	1	7	8	12	14	9	5
7	16	9	12	1	14	13	8	3	6	5	4	11	10	15	2
1	8	3	14	10	12	4	5	2	15	11	9	6	16	13	7
6	5	2	11	7	9	15	16	12	10	14	13	4	8	1	3
3	13	7	2	9	1	12	11	8	4	15	10	5	6	16	14
11	10	15	9	16	7	6	14	13	5	12	3	2	1	8	4
14	1	4	8	13	10	5	2	6	16	9	7	15	3	12	11
5	12	6	16	4	3	8	15	14	11	1	2	9	13	7	10

Puzzle #69

2	8	7	14	10	13	1	12	6	9	5	4	3	11	16	15
3	15	12	4	6	16	2	8	14	1	13	11	9	10	7	5
6	5	16	10	3	9	11	15	12	2	7	8	1	14	13	4
1	11	9	13	7	5	14	4	10	3	15	16	12	2	8	6
14	13	3	8	4	6	5	9	16	10	11	2	15	12	1	7
7	4	10	6	14	2	15	13	8	5	12	1	11	9	3	16
15	2	1	11	12	8	3	16	4	13	9	7	6	5	14	10
12	9	5	16	11	7	10	1	15	14	6	3	2	13	4	8
11	6	13	5	8	14	4	2	7	16	1	9	10	15	12	3
8	16	14	3	15	11	12	7	13	4	10	6	5	1	2	9
4	1	2	9	13	3	6	10	5	12	8	15	7	16	11	14
10	12	15	7	16	1	9	5	3	11	2	14	4	8	6	13
9	10	8	1	2	4	13	3	11	7	16	5	14	6	15	12
13	7	4	15	9	12	16	11	2	6	14	10	8	3	5	1
16	3	6	2	5	10	8	14	1	15	4	12	13	7	9	11
5	14	11	12	1	15	7	6	9	8	3	13	16	4	10	2

Puzzle #70

5	2	15	1	14	4	6	3	9	16	7	11	12	13	10	8
16	6	8	7	2	12	13	9	10	15	14	3	5	1	4	11
10	9	4	14	5	8	1	11	13	6	2	12	3	16	15	7
12	11	3	13	10	16	15	7	4	1	8	5	2	6	9	14
14	13	2	10	15	5	11	6	16	12	3	4	9	8	7	1
4	3	6	11	13	9	12	14	15	8	1	7	10	5	2	16
1	8	7	15	3	10	4	16	6	5	9	2	11	12	14	13
9	5	16	12	7	2	8	1	11	10	13	14	4	3	6	15
3	14	11	2	6	13	5	8	1	4	15	10	7	9	16	12
7	15	10	8	16	3	2	4	12	13	6	9	14	11	1	5
13	1	9	16	12	11	14	10	2	7	5	8	6	15	3	4
6	12	5	4	1	7	9	15	14	3	11	16	8	2	13	10
15	7	13	9	8	14	3	12	5	2	4	1	16	10	11	6
8	10	14	5	9	15	7	13	3	11	16	6	1	4	12	2
11	16	1	3	4	6	10	2	8	14	12	13	15	7	5	9
2	4	12	6	11	1	16	5	7	9	10	15	13	14	8	3

Puzzle #71

11	10	14	13	7	15	3	8	6	5	2	12	9	16	1	4
7	16	6	4	5	9	14	13	15	1	10	11	2	3	12	8
5	9	3	1	11	16	12	2	4	14	13	8	10	7	15	6
15	2	8	12	1	4	6	10	9	7	16	3	5	14	13	11
9	13	4	6	3	11	15	5	7	16	14	1	12	10	8	2
3	12	5	11	10	14	16	9	8	13	6	2	1	15	4	7
2	14	7	8	4	1	13	6	5	10	12	15	16	11	3	9
10	1	16	15	8	2	7	12	11	3	4	9	6	5	14	13
16	7	15	2	9	13	10	4	3	12	8	6	14	1	11	5
12	4	13	10	16	8	2	1	14	11	5	7	15	6	9	3
14	11	1	3	6	12	5	7	13	9	15	16	4	8	2	10
6	8	9	5	15	3	11	14	10	2	1	4	13	12	7	16
8	6	10	16	14	7	9	15	12	4	11	13	3	2	5	1
4	3	11	7	12	5	1	16	2	15	9	10	8	13	6	14
1	15	2	14	13	6	4	3	16	8	7	5	11	9	10	12
13	5	12	9	2	10	8	11	1	6	3	14	7	4	16	15

Puzzle #72

4	11	7	6	10	16	14	5	1	8	9	15	3	2	13	12
16	9	3	15	6	12	7	1	4	11	13	2	5	10	8	14
12	10	5	8	4	15	13	2	14	3	16	7	1	6	9	11
13	1	14	2	11	8	3	9	12	5	10	6	15	4	16	7
1	13	4	10	15	14	9	11	6	7	8	3	16	12	2	5
9	16	2	12	1	6	4	13	11	10	5	14	7	8	15	3
6	15	8	14	12	7	5	3	9	2	1	16	10	11	4	13
5	3	11	7	16	2	8	10	13	12	15	4	6	14	1	9
8	12	16	3	5	13	6	15	10	4	11	9	14	1	7	2
15	14	13	9	2	10	12	8	5	16	7	1	4	3	11	6
7	5	6	1	14	3	11	4	15	13	2	8	12	9	10	16
2	4	10	11	7	9	1	16	3	14	6	12	8	13	5	15
11	2	12	16	9	5	15	6	8	1	3	10	13	7	14	4
3	7	9	5	8	1	2	14	16	6	4	13	11	15	12	10
10	8	15	13	3	4	16	12	7	9	14	11	2	5	6	1
14	6	1	4	13	11	10	7	2	15	12	5	9	16	3	8

Puzzle #73

11	12	9	1	2	5	3	8	10	15	6	16	13	4	7	14
16	6	13	7	14	4	15	11	5	8	9	2	1	3	10	12
14	15	10	5	6	9	1	13	3	7	12	4	2	16	8	11
4	2	3	8	16	12	10	7	14	1	11	13	5	9	15	6
15	5	12	11	1	14	4	6	2	10	3	8	16	7	13	9
3	13	8	6	15	10	12	5	16	9	1	7	14	2	11	4
9	7	16	4	11	3	8	2	13	14	5	15	12	10	6	1
2	14	1	10	13	16	7	9	6	12	4	11	8	5	3	15
1	11	14	13	3	7	6	15	9	5	10	12	4	8	16	2
8	16	5	15	12	11	13	10	7	4	2	14	9	6	1	3
10	3	6	9	4	8	2	14	15	16	13	1	7	11	12	5
7	4	2	12	5	1	9	16	11	3	8	6	15	13	14	10
6	9	4	3	7	2	14	1	8	13	15	10	11	12	5	16
12	10	7	2	9	13	16	3	1	11	14	5	6	15	4	8
13	8	11	14	10	15	5	4	12	6	16	9	3	1	2	7
5	1	15	16	8	6	11	12	4	2	7	3	10	14	9	13

Puzzle #74

10	4	15	7	16	12	11	8	9	13	6	5	14	3	1	2
13	8	1	11	2	5	10	9	15	4	14	3	7	16	6	12
3	12	9	5	4	14	1	6	16	2	11	7	10	15	13	8
2	6	14	16	13	7	15	3	8	12	10	1	9	4	11	5
12	3	7	2	6	4	5	10	11	15	13	9	16	1	8	14
11	16	10	1	8	13	14	12	2	7	4	6	5	9	3	15
15	14	4	13	9	11	2	1	3	8	5	16	6	10	12	7
8	5	6	9	15	3	7	16	14	1	12	10	2	11	4	13
1	9	8	6	11	2	12	15	4	5	16	14	3	13	7	10
4	7	13	3	10	1	16	5	12	9	2	8	11	14	15	6
5	15	12	14	3	6	4	13	1	10	7	11	8	2	9	16
16	2	11	10	14	9	8	7	13	6	3	15	1	12	5	4
7	1	16	8	5	15	3	4	10	14	9	13	12	6	2	11
14	11	3	4	7	8	13	2	6	16	1	12	15	5	10	9
9	13	5	12	1	10	6	14	7	11	15	2	4	8	16	3
6	10	2	15	12	16	9	11	5	3	8	4	13	7	14	1

Puzzle #75

12	10	6	2	3	8	4	15	9	1	14	16	7	13	11	5
15	7	9	4	2	1	11	10	13	12	5	6	8	3	14	16
14	5	16	11	9	6	12	13	10	3	8	7	1	4	15	2
3	13	8	1	14	5	16	7	4	11	2	15	10	12	9	6
1	8	7	5	12	4	10	3	2	9	13	14	15	16	6	11
6	9	11	16	13	2	8	5	15	7	1	3	4	10	12	14
10	12	2	13	7	15	9	14	6	4	16	11	3	1	5	8
4	14	3	15	6	16	1	11	5	10	12	8	2	9	7	13
5	6	15	10	11	12	3	16	1	2	4	9	14	8	13	7
16	1	4	8	5	14	13	2	11	15	7	10	12	6	3	9
2	11	14	12	1	9	7	6	16	8	3	13	5	15	10	4
9	3	13	7	8	10	15	4	12	14	6	5	11	2	16	1
13	2	10	6	16	3	14	8	7	5	15	1	9	11	4	12
11	16	5	9	15	7	2	12	8	6	10	4	13	14	1	3
8	15	1	14	4	13	5	9	3	16	11	12	6	7	2	10
7	4	12	3	10	11	6	1	14	13	9	2	16	5	8	15

Puzzle #76

11	8	4	13	9	7	16	5	3	14	10	15	1	2	12	6
15	14	2	9	4	10	1	8	12	13	11	6	5	7	16	3
10	7	3	5	11	6	12	14	1	2	16	8	15	9	4	13
16	1	6	12	2	3	15	13	4	9	5	7	11	14	8	10
13	16	15	7	12	11	4	3	14	1	8	5	2	6	10	9
6	10	9	11	7	16	8	1	15	4	13	2	14	3	5	12
8	4	14	3	6	15	5	2	9	16	12	10	13	11	7	1
1	5	12	2	10	13	14	9	6	11	7	3	4	16	15	8
4	13	5	14	3	12	11	7	8	10	1	16	6	15	9	2
12	9	1	8	16	2	13	15	11	6	3	4	7	10	14	5
2	15	10	16	8	5	6	4	13	7	14	9	12	1	3	11
7	3	11	6	1	14	9	10	5	15	2	12	16	8	13	4
14	12	8	4	13	9	2	6	7	3	15	1	10	5	11	16
3	6	7	15	5	8	10	16	2	12	4	11	9	13	1	14
9	11	13	10	15	1	3	12	16	5	6	14	8	4	2	7
5	2	16	1	14	4	7	11	10	8	9	13	3	12	6	15

Puzzle #77

12	8	2	1	4	9	15	10	6	11	5	14	3	13	7	16
7	3	5	13	8	16	6	12	9	15	1	2	4	14	10	11
15	9	16	10	13	3	14	11	4	8	7	12	1	6	5	2
6	14	4	11	2	5	1	7	16	3	13	10	9	8	15	12
8	1	6	7	11	2	16	15	14	10	9	13	5	4	12	3
9	5	10	3	7	1	4	6	15	2	12	8	13	16	11	14
4	16	14	15	9	12	10	13	11	1	3	5	7	2	8	6
2	13	11	12	5	8	3	14	7	6	4	16	15	9	1	10
13	10	12	16	1	14	2	9	8	4	6	7	11	5	3	15
11	4	7	6	3	15	5	16	12	9	14	1	8	10	2	13
14	2	9	5	6	7	11	8	3	13	10	15	12	1	16	4
1	15	3	8	12	10	13	4	2	5	16	11	6	7	14	9
3	6	8	2	14	4	12	1	10	7	11	9	16	15	13	5
5	11	15	14	10	13	9	3	1	16	8	6	2	12	4	7
16	12	1	4	15	6	7	5	13	14	2	3	10	11	9	8
10	7	13	9	16	11	8	2	5	12	15	4	14	3	6	1

Puzzle #78

15	12	13	4	10	5	1	14	8	7	16	11	2	9	6	3
6	3	14	10	9	12	4	11	2	15	1	5	13	7	8	16
1	11	5	16	8	2	13	7	3	6	10	9	12	4	14	15
9	7	8	2	3	15	16	6	4	12	13	14	1	11	5	10
8	10	11	7	14	1	12	5	16	13	15	3	4	6	2	9
5	6	12	14	16	7	10	3	9	1	4	2	8	13	15	11
13	15	3	1	4	9	8	2	7	10	11	6	14	12	16	5
2	16	4	9	11	6	15	13	12	14	5	8	7	10	3	1
12	5	2	8	15	14	3	1	11	9	6	7	10	16	13	4
10	9	16	6	2	13	7	12	1	8	3	4	5	15	11	14
4	14	15	11	5	10	9	8	13	16	2	12	6	3	1	7
3	1	7	13	6	16	11	4	15	5	14	10	9	2	12	8
16	4	10	15	12	3	5	9	6	2	8	1	11	14	7	13
7	13	6	3	1	11	14	10	5	4	12	15	16	8	9	2
14	2	9	5	13	8	6	15	10	11	7	16	3	1	4	12
11	8	1	12	7	4	2	16	14	3	9	13	15	5	10	6

Puzzle #79

9	7	3	12	11	13	6	15	10	16	2	8	4	5	14	1
2	1	13	14	3	9	8	5	6	11	15	4	16	12	7	10
16	10	4	15	7	1	2	14	13	3	12	5	11	8	6	9
6	5	11	8	4	16	12	10	14	9	7	1	2	15	3	13
14	6	7	16	5	2	3	12	1	13	9	15	10	4	11	8
13	12	10	3	16	15	14	1	2	8	4	11	9	6	5	7
1	4	8	11	6	7	9	13	12	5	3	10	15	2	16	14
5	9	15	2	8	11	10	4	16	6	14	7	12	13	1	3
12	13	5	6	9	10	11	3	8	14	1	2	7	16	15	4
15	8	2	1	12	6	13	16	7	4	10	3	5	14	9	11
11	14	9	4	1	8	15	7	5	12	13	16	6	3	10	2
7	3	16	10	14	4	5	2	11	15	6	9	13	1	8	12
4	15	6	5	2	14	7	9	3	10	8	13	1	11	12	16
10	11	1	9	15	12	16	8	4	2	5	14	3	7	13	6
3	16	14	7	13	5	4	6	9	1	11	12	8	10	2	15
8	2	12	13	10	3	1	11	15	7	16	6	14	9	4	5

Puzzle #80

6	2	8	4	1	5	10	12	13	9	15	16	7	3	11	14
12	16	3	13	4	7	15	6	14	8	1	11	2	9	5	10
9	1	7	10	14	2	16	11	12	6	5	3	13	4	8	15
11	5	14	15	8	3	9	13	2	10	7	4	12	1	16	6
1	7	15	5	9	4	14	10	16	12	2	13	6	8	3	11
16	14	12	8	6	13	3	1	9	4	11	10	15	7	2	5
10	3	11	6	2	8	7	16	1	15	14	5	9	12	13	4
2	4	13	9	11	15	12	5	7	3	6	8	16	10	14	1
14	15	5	11	7	12	6	9	4	13	16	1	3	2	10	8
3	12	16	1	15	11	2	14	10	7	8	9	4	5	6	13
4	13	9	2	3	10	1	8	11	5	12	6	14	15	7	16
8	10	6	7	13	16	5	4	15	14	3	2	1	11	12	9
15	6	10	3	12	1	4	2	8	11	13	14	5	16	9	7
5	8	4	16	10	6	13	7	3	1	9	12	11	14	15	2
13	9	1	12	16	14	11	15	5	2	10	7	8	6	4	3
7	11	2	14	5	9	8	3	6	16	4	15	10	13	1	12

Puzzle #81

5	6	14	12	11	2	3	8	10	7	16	15	9	13	4	1
10	9	4	3	13	7	1	6	8	2	14	11	15	16	5	12
7	11	16	1	15	5	12	9	13	6	3	4	8	2	10	14
2	15	8	13	14	16	10	4	12	1	9	5	11	7	6	3
15	13	2	14	4	9	11	3	7	8	1	12	6	5	16	10
4	1	6	10	12	8	5	2	9	14	13	16	7	11	3	15
12	3	11	7	10	13	15	16	2	5	4	6	14	8	1	9
8	16	9	5	1	6	14	7	15	10	11	3	2	12	13	4
14	8	3	2	7	15	13	12	16	4	10	1	5	6	9	11
1	5	15	9	6	3	4	14	11	12	7	2	16	10	8	13
16	7	10	4	8	1	9	11	5	15	6	13	12	3	14	2
6	12	13	11	16	10	2	5	14	3	8	9	4	1	15	7
13	10	1	6	5	14	8	15	4	11	2	7	3	9	12	16
11	2	5	8	9	4	16	10	3	13	12	14	1	15	7	6
3	14	7	16	2	12	6	13	1	9	15	8	10	4	11	5
9	4	12	15	3	11	7	1	6	16	5	10	13	14	2	8

Puzzle #82

14	12	4	10	7	16	13	9	1	5	2	11	3	6	8	15
2	7	11	13	4	1	10	6	15	9	8	3	12	5	14	16
5	16	15	1	12	11	8	3	13	4	6	14	7	2	10	9
8	3	6	9	5	2	14	15	12	16	7	10	11	13	1	4
15	5	3	14	1	6	11	10	7	13	4	9	16	12	2	8
4	8	1	7	14	9	15	12	3	2	10	16	5	11	13	6
10	9	16	6	8	4	2	13	11	15	12	5	1	14	3	7
11	13	2	12	3	7	16	5	6	1	14	8	9	15	4	10
1	14	13	11	9	10	12	4	5	6	15	2	8	16	7	3
12	6	5	16	15	13	7	11	4	8	3	1	14	10	9	2
3	2	8	15	6	5	1	16	14	10	9	7	13	4	11	12
7	10	9	4	2	14	3	8	16	12	11	13	6	1	15	5
9	4	14	5	10	15	6	1	8	3	13	12	2	7	16	11
13	1	7	8	16	3	4	2	10	11	5	6	15	9	12	14
6	11	10	3	13	12	9	14	2	7	16	15	4	8	5	1
16	15	12	2	11	8	5	7	9	14	1	4	10	3	6	13

Puzzle #83

15	5	10	16	12	3	8	6	13	2	7	1	11	9	14	4
2	8	4	3	11	7	14	10	9	12	6	15	13	16	1	5
9	7	13	1	15	2	16	5	14	4	8	11	3	12	6	10
14	11	12	6	13	4	1	9	10	5	3	16	15	8	7	2
16	2	9	7	1	10	6	11	5	14	15	8	4	3	12	13
11	6	1	10	8	5	7	2	4	3	12	13	16	14	9	15
3	4	15	8	14	12	9	13	2	10	16	7	1	5	11	6
12	13	14	5	4	16	15	3	1	6	11	9	7	10	2	8
4	14	16	12	3	8	2	7	11	13	9	6	10	15	5	1
6	3	8	13	16	15	10	12	7	1	14	5	2	11	4	9
10	1	7	11	5	9	13	14	12	15	2	4	8	6	3	16
5	15	2	9	6	1	11	4	8	16	10	3	14	7	13	12
1	9	5	15	2	11	3	8	16	7	13	12	6	4	10	14
13	10	11	2	7	6	5	16	15	9	4	14	12	1	8	3
8	16	6	4	10	14	12	1	3	11	5	2	9	13	15	7
7	12	3	14	9	13	4	15	6	8	1	10	5	2	16	11

Puzzle #84

13	10	5	6	12	4	15	7	16	14	1	3	9	11	8	2
16	3	15	4	5	2	10	8	11	9	13	12	6	1	7	14
2	12	1	7	3	9	14	11	15	10	6	8	16	4	5	13
14	9	11	8	16	6	1	13	5	2	4	7	15	10	3	12
5	11	7	10	14	16	4	6	8	12	2	13	3	9	1	15
9	14	3	13	2	10	8	5	4	1	11	15	7	16	12	6
12	4	6	1	13	15	3	9	10	7	14	16	8	2	11	5
8	2	16	15	11	7	12	1	9	6	3	5	14	13	10	4
7	1	8	14	15	3	13	12	6	11	16	10	4	5	2	9
4	13	12	2	6	14	16	10	3	5	8	9	1	7	15	11
3	5	9	11	8	1	7	2	14	15	12	4	10	6	13	16
15	6	10	16	9	11	5	4	1	13	7	2	12	3	14	8
1	8	2	12	10	5	11	14	7	4	9	6	13	15	16	3
6	15	13	5	4	8	2	16	12	3	10	1	11	14	9	7
10	16	14	9	7	13	6	3	2	8	15	11	5	12	4	1
11	7	4	3	1	12	9	15	13	16	5	14	2	8	6	10

Puzzle #85

11	4	15	7	5	14	16	13	3	2	8	12	9	6	1	10
9	5	1	6	7	15	2	3	16	14	4	10	8	12	11	13
13	12	3	16	4	11	8	10	6	7	9	1	15	5	14	2
2	14	8	10	12	9	6	1	13	15	5	11	16	3	4	7
8	3	2	13	14	12	7	11	1	5	16	4	6	15	10	9
5	11	16	12	3	2	4	6	10	9	13	15	7	1	8	14
15	10	7	14	16	13	1	9	2	12	6	8	5	4	3	11
1	6	4	9	8	5	10	15	7	3	11	14	2	13	16	12
10	9	11	1	15	4	12	7	8	6	14	16	13	2	5	3
3	15	12	5	9	6	11	14	4	10	2	13	1	16	7	8
6	16	14	2	1	3	13	8	5	11	15	7	10	9	12	4
4	7	13	8	2	10	5	16	9	1	12	3	11	14	15	6
16	2	5	4	10	8	3	12	15	13	7	6	14	11	9	1
12	1	6	3	11	7	15	2	14	16	10	9	4	8	13	5
14	13	10	15	6	1	9	4	11	8	3	5	12	7	2	16
7	8	9	11	13	16	14	5	12	4	1	2	3	10	6	15

Puzzle #86

7	6	11	5	4	15	16	1	8	2	3	10	14	9	13	12
4	1	12	2	5	6	14	10	11	9	7	13	16	15	3	8
10	9	3	15	7	11	8	13	5	16	12	14	4	1	6	2
14	13	8	16	12	9	3	2	6	4	1	15	7	11	5	10
8	12	5	1	13	3	4	6	15	14	16	2	9	7	10	11
2	16	15	4	1	14	7	11	13	5	10	9	8	3	12	6
3	10	14	9	16	8	5	15	12	7	11	6	2	13	4	1
11	7	13	6	2	12	10	9	4	1	8	3	5	14	15	16
16	2	6	12	3	13	1	5	7	10	4	11	15	8	14	9
1	5	9	10	11	7	6	12	14	3	15	8	13	16	2	4
15	11	7	14	10	4	2	8	16	13	9	5	12	6	1	3
13	3	4	8	9	16	15	14	2	12	6	1	11	10	7	5
9	14	10	7	6	2	11	16	1	15	5	4	3	12	8	13
5	4	1	3	8	10	13	7	9	11	14	12	6	2	16	15
12	8	16	13	15	5	9	3	10	6	2	7	1	4	11	14
6	15	2	11	14	1	12	4	3	8	13	16	10	5	9	7

Puzzle #87

3	15	1	7	10	5	4	9	8	14	12	11	16	6	13	2
8	4	14	9	11	2	6	3	7	5	16	13	10	12	1	15
16	5	6	13	7	15	8	12	1	4	2	10	3	9	14	11
10	2	11	12	1	16	13	14	9	15	3	6	4	5	8	7
15	6	13	8	12	4	16	5	3	10	1	2	7	11	9	14
4	11	3	1	14	7	9	2	16	8	5	15	13	10	12	6
2	16	5	14	6	8	10	11	12	7	13	9	15	1	3	4
9	12	7	10	15	1	3	13	11	6	14	4	5	16	2	8
12	3	16	11	4	14	15	10	5	13	7	8	9	2	6	1
7	1	8	2	16	13	12	6	14	9	4	3	11	15	5	10
14	13	4	6	9	11	5	1	15	2	10	12	8	3	7	16
5	9	10	15	2	3	7	8	6	16	11	1	14	13	4	12
11	8	15	16	5	6	1	4	2	3	9	14	12	7	10	13
13	7	2	4	3	9	14	15	10	12	6	16	1	8	11	5
1	14	12	3	8	10	2	7	13	11	15	5	6	4	16	9
6	10	9	5	13	12	11	16	4	1	8	7	2	14	15	3

Puzzle #88

15	16	13	1	12	6	11	2	3	4	14	9	7	8	5	10
11	3	10	12	16	15	4	13	8	2	7	5	9	6	14	1
7	14	9	4	5	1	8	3	11	16	6	10	13	2	12	15
2	6	5	8	9	10	14	7	15	12	1	13	16	3	4	11
13	10	3	9	15	11	6	12	16	14	5	8	2	1	7	4
4	15	8	6	3	7	13	10	1	9	12	2	14	16	11	5
12	7	2	14	8	16	1	5	4	10	15	11	6	13	3	9
16	5	1	11	4	9	2	14	13	7	3	6	10	12	15	8
5	11	16	15	1	8	7	6	10	13	9	12	3	4	2	14
9	2	6	13	11	12	10	16	5	3	4	14	1	15	8	7
3	1	12	7	14	13	9	4	6	8	2	15	5	11	10	16
14	8	4	10	2	3	5	15	7	1	11	16	12	9	6	13
10	9	15	16	6	5	3	8	12	11	13	7	4	14	1	2
8	13	11	5	7	2	12	1	14	6	16	4	15	10	9	3
6	4	7	3	10	14	16	9	2	15	8	1	11	5	13	12
1	12	14	2	13	4	15	11	9	5	10	3	8	7	16	6

Puzzle #89

11	3	15	10	9	4	8	1	13	2	6	5	14	16	7	12
4	5	2	1	10	13	15	3	16	7	12	14	8	6	9	11
6	14	12	13	16	5	11	7	1	10	8	9	4	15	2	3
7	16	9	8	12	2	14	6	15	3	11	4	10	13	1	5
2	9	13	15	8	10	12	5	7	4	16	3	6	1	11	14
12	8	11	14	7	6	4	9	10	5	13	1	3	2	15	16
10	4	6	5	14	1	3	16	2	9	15	11	7	12	8	13
3	1	16	7	13	15	2	11	8	12	14	6	5	10	4	9
8	10	5	12	6	16	9	15	4	14	7	13	1	11	3	2
13	6	3	4	1	11	10	2	9	15	5	8	16	14	12	7
15	2	1	16	3	8	7	14	6	11	10	12	9	5	13	4
9	7	14	11	5	12	13	4	3	1	2	16	15	8	10	6
14	13	7	9	11	3	5	8	12	16	1	10	2	4	6	15
16	11	4	6	2	9	1	13	5	8	3	15	12	7	14	10
5	12	8	3	15	7	6	10	14	13	4	2	11	9	16	1
1	15	10	2	4	14	16	12	11	6	9	7	13	3	5	8

Puzzle #90

1	15	7	9	13	14	10	3	5	16	8	11	12	4	6	2
4	5	3	16	12	6	1	2	7	9	14	10	8	11	13	15
8	6	13	10	4	5	15	11	12	3	1	2	7	9	14	16
11	14	2	12	16	9	7	8	4	6	15	13	5	10	3	1
14	11	4	3	2	8	5	1	15	13	16	12	10	7	9	6
2	16	5	7	3	4	9	12	6	14	10	8	11	15	1	13
6	12	15	8	10	11	14	13	1	7	9	3	2	5	16	4
10	9	1	13	15	16	6	7	2	11	5	4	3	8	12	14
9	10	6	2	14	3	11	16	8	15	4	5	1	13	7	12
13	8	12	4	9	7	2	15	16	1	11	14	6	3	5	10
3	7	16	11	8	1	12	5	13	10	2	6	4	14	15	9
5	1	14	15	6	13	4	10	9	12	3	7	16	2	8	11
7	2	9	6	1	12	8	4	10	5	13	15	14	16	11	3
12	4	10	14	5	15	3	9	11	8	6	16	13	1	2	7
16	3	8	1	11	2	13	6	14	4	7	9	15	12	10	5
15	13	11	5	7	10	16	14	3	2	12	1	9	6	4	8

Puzzle #91

16	10	4	15	3	7	1	9	13	14	12	8	6	11	5	2
5	9	7	2	12	15	10	13	11	6	4	16	14	8	1	3
1	11	12	3	2	6	14	8	15	5	9	10	4	16	7	13
6	13	14	8	4	11	16	5	1	3	2	7	12	9	15	10
15	14	5	16	6	13	2	1	3	12	10	11	9	4	8	7
11	8	1	4	16	9	3	12	6	2	7	14	15	10	13	5
9	3	13	7	5	4	11	10	16	1	8	15	2	12	6	14
10	12	2	6	15	8	7	14	4	13	5	9	16	3	11	1
3	1	8	5	9	14	13	15	7	11	16	12	10	2	4	6
13	15	9	14	10	5	12	7	8	4	6	2	11	1	3	16
2	7	10	12	11	16	4	6	5	9	3	1	13	15	14	8
4	6	16	11	1	3	8	2	10	15	14	13	7	5	12	9
7	16	15	13	8	1	5	4	9	10	11	6	3	14	2	12
12	5	6	1	14	10	9	11	2	7	15	3	8	13	16	4
8	2	11	9	13	12	6	3	14	16	1	4	5	7	10	15
14	4	3	10	7	2	15	16	12	8	13	5	1	6	9	11

Puzzle #92

2	13	5	12	8	9	7	14	1	6	11	15	4	10	3	16
8	9	16	14	10	11	6	12	4	13	5	3	15	7	2	1
15	7	6	10	13	3	1	4	14	8	16	2	11	9	12	5
11	1	3	4	5	15	2	16	10	7	12	9	8	6	14	13
13	14	8	3	16	1	12	10	7	11	15	5	9	2	6	4
16	4	12	1	9	14	13	3	2	10	8	6	5	15	11	7
9	2	15	5	7	8	11	6	12	16	14	4	3	13	1	10
6	10	7	11	15	4	5	2	13	9	3	1	16	14	8	12
5	12	10	13	3	7	14	9	8	2	6	11	1	4	16	15
3	16	1	2	12	10	15	11	5	14	4	13	7	8	9	6
4	6	14	8	1	2	16	13	15	3	9	7	12	5	10	11
7	15	11	9	6	5	4	8	16	12	1	10	14	3	13	2
1	8	13	15	2	12	9	5	3	4	10	16	6	11	7	14
14	11	9	7	4	16	10	1	6	5	13	8	2	12	15	3
12	5	2	6	11	13	3	15	9	1	7	14	10	16	4	8
10	3	4	16	14	6	8	7	11	15	2	12	13	1	5	9

Puzzle #93

14	6	8	9	15	13	2	12	3	10	7	16	5	4	1	11
11	16	12	3	14	9	4	10	5	6	8	1	2	15	7	13
15	5	2	10	6	7	11	1	4	9	14	13	3	8	12	16
4	7	1	13	3	16	5	8	15	11	12	2	6	9	10	14
2	11	3	5	7	4	1	14	6	13	10	12	15	16	8	9
7	12	9	16	8	11	6	13	2	5	4	15	1	14	3	10
13	10	6	8	9	15	16	3	1	14	11	7	12	2	4	5
1	4	14	15	5	10	12	2	16	3	9	8	11	6	13	7
10	1	5	2	11	12	9	7	8	15	16	3	4	13	14	6
12	13	4	14	2	6	10	5	9	7	1	11	16	3	15	8
8	9	7	11	13	3	15	16	14	12	6	4	10	1	5	2
16	3	15	6	1	14	8	4	13	2	5	10	9	7	11	12
3	2	16	12	4	1	14	9	11	8	13	5	7	10	6	15
6	15	13	7	10	8	3	11	12	1	2	9	14	5	16	4
5	8	11	1	16	2	7	6	10	4	15	14	13	12	9	3
9	14	10	4	12	5	13	15	7	16	3	6	8	11	2	1

Puzzle #94

15	4	11	7	6	3	16	10	1	8	12	13	2	14	5	9
6	9	10	13	2	4	11	8	7	15	14	5	12	3	1	16
8	2	16	12	15	5	14	1	10	3	9	6	13	11	7	4
14	3	1	5	12	9	13	7	16	4	11	2	8	10	15	6
5	14	4	8	9	6	1	12	3	2	7	10	11	16	13	15
10	12	3	15	16	8	4	2	5	1	13	11	7	9	6	14
7	16	2	1	3	13	15	11	8	9	6	14	5	4	10	12
9	6	13	11	7	14	10	5	15	16	4	12	3	1	2	8
3	15	9	16	14	7	8	6	11	12	5	1	10	13	4	2
2	7	8	4	11	1	9	3	13	6	10	15	14	12	16	5
11	10	12	14	4	15	5	13	2	7	3	16	9	6	8	1
13	1	5	6	10	12	2	16	9	14	8	4	15	7	3	11
16	5	7	3	8	2	6	14	12	10	1	9	4	15	11	13
4	13	14	10	5	16	3	9	6	11	15	8	1	2	12	7
1	11	15	2	13	10	12	4	14	5	16	7	6	8	9	3
12	8	6	9	1	11	7	15	4	13	2	3	16	5	14	10

Puzzle #95

7	8	10	5	3	9	15	2	1	16	4	13	12	11	14	6
11	2	13	4	14	6	10	1	3	9	7	12	16	8	5	15
12	1	14	15	5	7	8	16	6	11	2	10	3	13	9	4
6	3	9	16	11	13	12	4	14	15	5	8	7	2	10	1
2	14	15	6	10	11	9	7	13	3	8	16	4	5	1	12
5	12	16	13	4	15	1	8	7	10	9	6	2	3	11	14
3	11	7	10	6	14	13	12	2	5	1	4	9	15	8	16
8	9	4	1	16	5	2	3	12	14	15	11	13	6	7	10
1	5	3	14	12	10	7	13	9	8	16	2	15	4	6	11
9	13	6	7	2	16	3	5	4	1	11	15	14	10	12	8
10	4	2	11	9	8	14	15	5	6	12	3	1	7	16	13
15	16	8	12	1	4	6	11	10	13	14	7	5	9	2	3
16	15	5	9	7	12	11	10	8	4	3	1	6	14	13	2
13	10	11	2	15	1	4	9	16	7	6	14	8	12	3	5
4	6	1	3	8	2	5	14	11	12	13	9	10	16	15	7
14	7	12	8	13	3	16	6	15	2	10	5	11	1	4	9

Puzzle #96

9	11	12	10	4	1	2	16	15	8	5	6	7	14	3	13
2	7	1	3	15	10	12	11	14	16	4	13	6	8	5	9
5	14	16	13	3	8	7	6	2	10	11	9	15	12	1	4
6	8	15	4	14	13	5	9	3	1	12	7	2	16	11	10
15	3	13	1	16	14	6	12	11	4	9	10	8	7	2	5
14	16	4	7	8	5	3	10	6	13	2	1	11	15	9	12
10	2	8	12	13	11	9	4	5	14	7	15	1	6	16	3
11	9	5	6	1	7	15	2	8	3	16	12	4	13	10	14
16	1	6	2	9	12	14	15	13	5	8	4	10	3	7	11
3	5	10	9	2	4	16	13	12	7	6	11	14	1	8	15
4	13	7	8	5	6	11	1	10	15	14	3	9	2	12	16
12	15	11	14	7	3	10	8	9	2	1	16	5	4	13	6
1	10	3	11	6	9	8	7	4	12	13	14	16	5	15	2
8	6	14	16	10	2	13	3	1	9	15	5	12	11	4	7
13	12	2	15	11	16	4	5	7	6	10	8	3	9	14	1
7	4	9	5	12	15	1	14	16	11	3	2	13	10	6	8

Puzzle #97

9	2	13	16	3	1	10	11	14	15	5	7	8	4	6	12
5	8	15	1	6	13	14	7	12	9	16	4	10	11	3	2
3	12	14	10	2	5	16	4	8	6	1	11	13	9	7	15
4	6	7	11	8	12	9	15	2	13	3	10	5	1	14	16
6	11	3	13	16	2	7	14	15	8	4	5	12	10	1	9
10	14	4	12	11	15	13	3	1	16	6	9	7	5	2	8
8	9	1	15	10	4	12	5	7	11	14	2	3	13	16	6
7	16	5	2	9	8	1	6	10	3	13	12	4	15	11	14
13	5	9	3	15	10	8	2	6	12	11	14	16	7	4	1
11	7	16	6	1	14	3	9	4	5	10	15	2	12	8	13
14	15	2	8	13	7	4	12	16	1	9	3	11	6	10	5
12	1	10	4	5	11	6	16	13	7	2	8	9	14	15	3
2	3	12	7	14	6	11	1	9	4	8	13	15	16	5	10
16	4	11	5	12	9	2	10	3	14	15	6	1	8	13	7
1	13	6	9	4	3	15	8	5	10	7	16	14	2	12	11
15	10	8	14	7	16	5	13	11	2	12	1	6	3	9	4

Puzzle #98

12	11	5	4	13	1	9	15	10	8	3	16	14	7	2	6
6	13	1	8	10	3	16	5	14	9	7	2	11	12	15	4
15	10	14	16	8	6	7	2	4	11	5	12	3	9	13	1
9	7	3	2	12	4	11	14	15	6	1	13	16	10	5	8
2	3	13	12	11	9	14	7	5	15	4	1	10	6	8	16
7	15	4	14	1	16	10	6	3	2	8	11	12	13	9	5
11	5	9	6	15	12	13	8	16	7	10	14	1	4	3	2
1	16	8	10	2	5	3	4	9	13	12	6	7	11	14	15
10	2	6	5	4	15	12	9	8	3	11	7	13	16	1	14
4	1	15	3	14	13	8	11	12	16	2	9	6	5	10	7
16	9	12	13	3	7	2	1	6	5	14	10	8	15	4	11
8	14	7	11	6	10	5	16	1	4	13	15	9	2	12	3
3	12	10	15	16	8	4	13	11	14	6	5	2	1	7	9
13	4	11	1	5	2	6	3	7	10	9	8	15	14	16	12
14	8	2	9	7	11	15	12	13	1	16	4	5	3	6	10
5	6	16	7	9	14	1	10	2	12	15	3	4	8	11	13

15	6	5	10	11	14	1	4	16	8	2	3	9	13	7	12
3	12	8	14	5	7	2	9	11	10	1	13	6	16	4	15
4	9	16	7	6	13	8	3	12	5	14	15	11	1	2	10
11	13	1	2	10	15	12	16	9	4	7	6	5	3	8	14
12	5	13	16	2	9	6	7	15	3	4	8	1	14	10	11
8	1	4	6	15	5	16	10	7	13	11	14	12	2	9	3
9	14	10	11	8	3	4	12	6	1	5	2	13	7	15	16
7	2	15	3	1	11	14	13	10	9	12	16	4	6	5	8
13	16	7	5	3	6	9	2	8	11	10	4	15	12	14	1
6	4	11	15	16	10	5	8	14	12	13	1	7	9	3	2
1	3	9	8	4	12	7	14	2	6	15	5	16	10	11	13
14	10	2	12	13	1	15	11	3	7	16	9	8	4	6	5
16	15	6	9	12	4	11	1	5	14	3	10	2	8	13	7
10	11	12	1	9	2	3	6	13	15	8	7	14	5	16	4
2	7	3	4	14	8	13	5	1	16	9	11	10	15	12	6
5	8	14	13	7	16	10	15	4	2	6	12	3	11	1	9

14	5	11	15	3	13	4	2	12	9	6	16	1	8	7	10
2	8	13	9	6	15	16	10	1	5	14	7	11	4	12	3
7	6	1	16	11	14	9	12	8	10	4	3	2	15	13	5
4	12	3	10	5	7	1	8	2	15	13	11	6	14	16	9
11	9	7	5	16	2	3	13	15	6	12	4	14	1	10	8
8	13	2	14	4	1	10	7	5	16	3	9	12	11	6	15
15	1	16	4	9	8	12	6	11	14	7	10	3	2	5	13
3	10	6	12	15	11	14	5	13	1	8	2	7	16	9	4
13	4	14	6	2	16	8	9	10	3	15	12	5	7	1	11
5	3	15	1	7	6	11	4	9	2	16	13	8	10	14	12
9	16	8	7	10	12	15	1	14	4	11	5	13	6	3	2
10	2	12	11	14	5	13	3	6	7	1	8	15	9	4	16
12	14	4	13	1	10	5	11	7	8	9	15	16	3	2	6
6	7	9	3	13	4	2	15	16	11	5	1	10	12	8	14
1	15	10	8	12	3	6	16	4	13	2	14	9	5	11	7
16	11	5	2	8	9	7	14	3	12	10	6	4	13	15	1

www.ingramcontent.com/pod-product-compliance
Lightning Source LLC
Chambersburg PA
CBHW082213290526

45794CB00009B/3524